中等职业学校教材

ZHONGDENG ZHIYE XUEXIAO JIAOCAI

网页设计与制作

WANG YE SHE JI YU ZHI ZUO

孙军辉　石发晋　主编

张娜　王春妹　张金香　副主编

人民邮电出版社

北京

图书在版编目（CIP）数据

网页设计与制作 / 孙军辉，石发晋主编. -- 北京 :
人民邮电出版社，2013.7
中等职业学校教材
ISBN 978-7-115-32458-0

Ⅰ. ①网… Ⅱ. ①孙… ②石… Ⅲ. ①网页制作工具
－中等专业学校－教材 Ⅳ. ①TP393.092

中国版本图书馆CIP数据核字(2013)第159289号

内 容 提 要

本书采用模块化的项目教学模式编写，教材内容包括 14 个项目活动、一个拓展提高模块和两个实训参考案例。每个项目模块包括任务、成长加油站、代码解读、实践演练几个环节。

书中每个项目由几个活动任务组成，以活动任务为驱动，激发学生的学习兴趣，让学生从实践过程中掌握网页技术的应用。学生通过学习并完成所创设的项目，能够熟练掌握网页的设计与制作。教材中还植入职业岗位能力、乡土文化等元素，以“胶南旅游网”相关页面制作为主线进行课堂实践，培养学生的综合职业能力。

本书可作为中等职业学校计算机、电子商务、物流等专业的“网页设计与制作”课程的教材，也可作为对网页设计与制作感兴趣的初学者的参考资料。

◆ 主　　编　孙军辉　石发晋
副 主 编　张　娜　王春妹　张金香
责任编辑　王　平
责任印制　杨林杰

◆ 人民邮电出版社出版发行　　北京市崇文区夕照寺街 14 号
邮编　100061　　电子邮件　315@ptpress.com.cn
网址　http://www.ptpress.com.cn
北京鑫正大印刷有限公司印刷

◆ 开本：787×1092　1/16
印张：12　　2013 年 7 月第 1 版
字数：298 千字　　2013 年 7 月北京第 1 次印刷

定价：28.00 元

读者服务热线：(010)67170985　印装质量热线：(010)67129223
反盗版热线：(010)67171154

前　言

随着信息技术的普及，网页已经渗透到人类社会的各行各业，网站技术成为最基本的网络应用技术，而掌握这门技术首先要掌握一种网页开发工具——Dreamweaver。

本书以 Dreamweaver CS3 版本为例，采用任务驱动和项目教学相结合的方法编写，通过多个真实案例制作，使专业与行业接轨，进而拓展学生的职业技能。

本书在编写的过程中借鉴 CBE 课程开发模式，围绕“培养职业能力为根本、紧扣‘工学结合’主题”，秉承“工种（岗位）标准”、理实一体、校企合作的课程设计理念，结合企业真实案例，力求突出培养学生的实践技能和职业认知。

本书编写力求体现先进的教育教学理念和学习理念，主要表现在以下几个方面。

1．项目设计：培养学生综合掌握信息技术的能力，创设一定的模拟工作环境，在设计上力求贴近现实生活，源于生活的教材才是有生命力的教材。让学生转换角色，体验职业，改变学生的学习方式，引导学生自主探究学习，培养学生解决实际问题的能力。

2．实践演练：每个项目结束都配有相应的实践演练，培养学生灵活运用所学知识，提高解决问题的能力。

3．代码解读：要掌握网页制作，必须掌握基本的 HTML 代码，这是学生专业成长必需的，也是中职学生学习的难点。本书通过将难点分散到各个项目任务中，先实践，再做与实践相关的代码解读，无形中提高了学生的兴趣，掌握了必备知识。

4．网页图例：鉴于网页设计与制作的特点，除了技能熟练还要有相应的艺术修养，所以教材除了实例多、任务多外，还有大量的精美网页图例，注重对学生赏、技、艺等方面的培养。

本书建议用 96 个学时(含实践学时)，建议教师在教学过程中采用模块化活动任务的项目教学模式，除了要完成书中的项目外，还应结合学生及专业的特点，精心设计相应模块化活动任务，以给学生提供更多的实践机会。

本书由孙军辉、石发晋任主编，张娜、王春妹和张金香担任副主编。由于作者水平有限，书中难免存在错误和不妥之处，敬请广大读者批评指正。

编者

2013 年 5 月

目　录

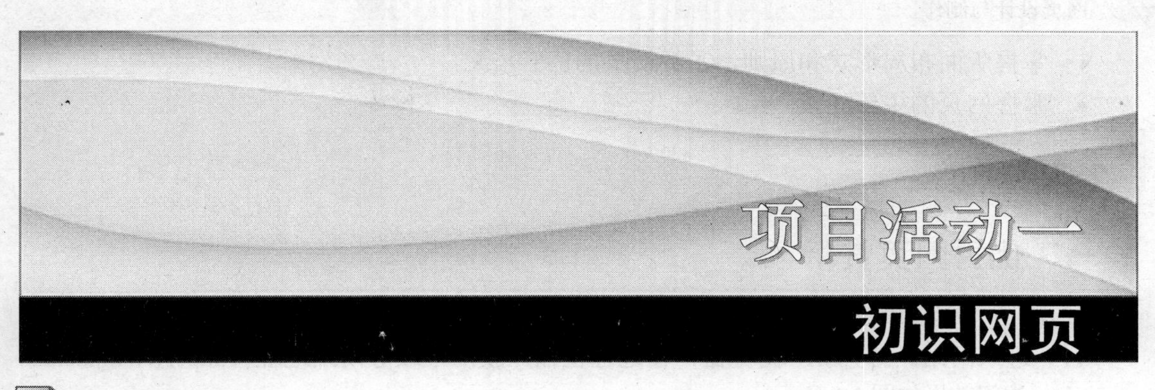

项目活动一 初识网页

项目活动描述

如今互联网正如火如荼地发展着，人们越来越多地感受到网络对生活带来的影响和改变，像网上影院、网络书店等新生事物给人们的生活、工作和学习带来了极大的方便。掌握网络方面的知识不仅是一种时尚，而是生活中必需的基本技能。

本项目从对优秀网站的赏析入手，从整体上直观领悟网站、网页、元素、工具的相互关系，形象地了解网页的整体布局、色彩搭配等。走入网络这个“花花世界”，看着这么多美丽的网站，让人不禁想动手做出属于自己的网站，体验一下当站长的心情与甘苦！

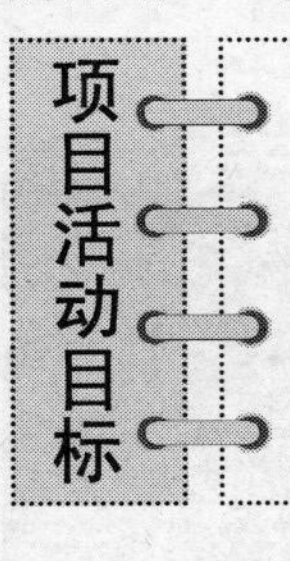

- 学会访问网站和浏览网页，掌握网站、网页及其元素的相关概念。
- 掌握网站开发流程、网页的整体布局及色彩搭配。

任务一 优秀网页赏析

任务背景

近几年随着网络的飞速发展，人们的生活与网络的关系越来越密切。也许人们能够拒绝网络，但不能改变网络对生活的影响，每天通过网络可以了解到世界上发生了什么事情。真可谓“坐地日行八万里”，而网络世界又岂是八万里所能包容的？坐在电脑前，只要鼠标轻轻一点，键盘轻轻一按，即可阅览世界各地的新闻，“花花世界”立刻就呈现在人们的面前。真是优哉游哉，不亦乐乎！

浏览制作独特的网页可以让人们领略不一样的世界，现在就一起来欣赏吧！

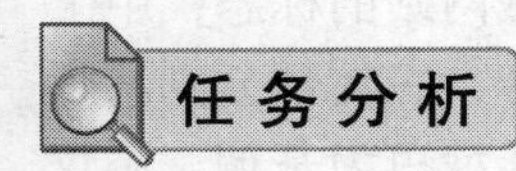

- 优秀网页赏析

- 掌握版面布局形式和原则，了解网页的色彩搭配
- 掌握网页的主要元素

一、优秀网页赏析

1．浏览“胶南市政务”官方网站，感受流行的动感设计

（1）进入网站。打开 IE 浏览器，在地址栏输入胶南市政务网站地址（http://www.jiaonan.gov.cn/）。访问效果如图 1.1 所示。

图 1.1　胶南市政务网

（2）鉴赏分析。该网站采用了 Flash 引导页嵌入首页的设计思路，展示了胶南作为一个新兴的多元化城市的风采，这是当前网站设计界较为前卫和流行的做法。网页上半部分为中国胶南在蓝天白云下，中国胶南字样、标志以红色醒目地展现出来。整个首页洁净、自然，静中有动，动静相宜，让人赏心悦目，舒适惬意。

2．浏览“青岛啤酒城”官方网站，体验经典的色彩搭配

（1）进入网站。打开 IE 浏览器，在地址栏输入青岛啤酒城官方网站地址（http://www.qdbeer.cn）。访问效果如图 1.2 所示。

（2）鉴赏分析。青岛啤酒城网站的界面朴素大方，其左上角是啤酒城网站的标志；中上方是啤酒城的欢乐口号；右侧是啤酒宝贝，正在欢迎来自世界各地的游客。主体部分则清晰地展示了整个网站的所有功能及服务项目。在网站的颜色处理上，以海洋绿色为基调，不仅能加深人们对啤酒的认识，更让人们感觉走进了青岛。在设计的过程中，充分运用了欢快的

视觉形象系统，使得网站内容丰富而不混乱；同时在制作上充分运用动态效果，添加了啤酒城的欢乐视频，充分地渲染了页面的动感设计，令人“想入非非”。

图 1.2　青岛啤酒城网

二、网页的版面布局

版面设计是整个网站设计过程中最重要的一部分，因为优秀的版面设计不但会给浏览者留下好的第一印象，而且还会给其带来好的心境，从而提高网站的访问量。

布局就是以最适合浏览的方式将图片和文字排放在页面的不同位置。

1．版面布局形式

（1）“T”结构布局。所谓的“T”结构，就是指页面顶部为横条网站的标志＋广告条；下部左面为主菜单；右面显示内容的布局，如图 1.3 所示。

这是网页设计中使用最广泛的一种布局方式，其优点是页面结构清晰、主次分明，是初学者最容易上手的方法；缺点就是规矩、呆板，如果在细节色彩上不注意，很容易让人“看之无味”。

（2）“口”形布局。这是一个象形的说法，就是页面一般上下各有一条广告条，左面为主菜单；右面为友情链接；中间是主要内容，如图 1.4 所示。

这种布局的优点是充分利用版面，信息容量大；缺点是页面拥挤，不够灵活。

（3）“三”形布局。这种布局多用于国外，国内用得不多。其特点是页面上横向两条色块将页面分割为四部分，色块中大多数放广告条，如图 1.5 所示。

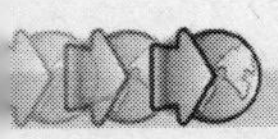

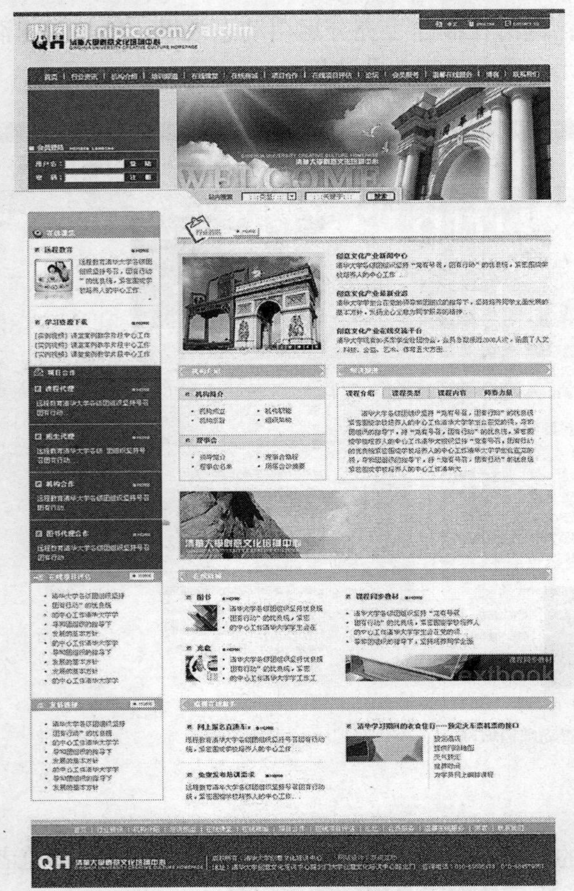

图 1.3 “T”结构布局

图 1.4 “口”型布局

图 1.5 “三”型布局

（4）对称布局。顾名思义，采用左右或上下对称的布局，一半是深颜色；另一半是浅颜色，一般用于设计型站点。其优点是视觉冲击力强；缺点是将两部分有机结合比较困难，如图 1.6 所示。

（5）POP布局。POP引自广告术语，指页面布局像一张宣传海报，以一张精美图片作为页面的设计中心，常用于时尚类站点。其优点显而易见，漂亮吸引人；缺点是速度慢，但作为版面布局还是值得借鉴的，如图1.7所示。

以上总结了目前网络上常见的布局，当然还有许许多多别具一格的布局，关键在于个人的创意和设计。

2．版面布局的原则

（1）整体布局，和谐统一。网页的整体布局在页面设计中很关键，起着主导作用。巧妙的整体布局，能全面地展现出设计者的思想，尽情地挥洒出设计者的灵感，这样的网页必定是和谐统一的。

图1.6　对称布局

图1.7　POP布局

整体布局的传统方法是使用对称的形式，通过空间、文字和图形的相互作用建立整体的布局。

（2）主次分明，中心突出。在一个页面上，必然会考虑视觉中心，这个中心一般在页面的重点区域，即中央偏上的位置。因此，应该把最能传达信息、最能吸引人的内容放在这个位置。在视觉中心以外的地方可以安排那些稍微次要的内容，这样就突出了重点，做到了主次分明。

（3）疏密有度，错落有致。在内容安排上要恰当地留些空白、适当地运用空格，通过改变字间距和行间距等来制造变化的效果；在布局上既要使用对称美，也要兼顾非对称美；在色彩和形态上可以适当使用对比，如黑白对比、圆形与方形对比等，以形成鲜明的视觉效果。

（4）图文并茂，相得益彰。文字和图像具有相互补充的视觉关系，如果页面上的图像太多，就会降低页面的信息容量；而如果页面上的文字太多，则会显得沉闷、缺乏生气。因此，理想的效果是对图像与文字进行合理搭配，使其互为衬托，这样既能使页面显得活泼，又能使页面内容丰富。

三、网页的色彩搭配

网页的色彩是树立网站形象的关键之一，有很多网站因其成功的色彩搭配而令人过目不忘。色彩总的应用原则应该是“总体协调，局部对比”，也就是主页的整体色彩效果应该是协调的，只有局部的、小范围的地方可以有一些强烈色彩的对比。下面谈谈网页的色彩搭配。

1．色彩的基础知识

色彩五颜六色、千变万化。人们平时所看到的白色光，经过分析在色带上可以看到它包括红、橙、黄、绿、青、蓝、紫等色，各色之间自然过渡。其中红黄蓝是三原色，三原色通过不同比例的混合可以得到各种颜色。

（1）红黄蓝三原色。其他颜色都可以用这三种颜色调和而来。在网页 HTML 中的颜色即是用这三种颜色的数值来表示，如红色是（255，0，0），十六进制的表示方法为（ff0000）；白色为（FFFFFF）；“Bgcolor = #FFFFFF”就是指背景色为白色。

（2）颜色分非彩色和彩色两类。非彩色是指黑、白、灰系统色。彩色是指除了非彩色以外的所有色彩。任何一种彩色都具备三个特征：色相、明度（亮度）和纯度（饱和度）。其中，非彩色只有明度属性。

（3）色环。将色彩按“红→黄→绿→蓝→红”依次过渡渐变，就可以得到一个色环。色环的两端是暖色和寒色，当中是中性色。

红.橙.橙黄.黄.黄绿.绿.青绿.蓝绿.蓝.蓝紫.紫.紫红.红

|____________||____||__________||____________|

暖色系　中性系　寒色系　中性系

（4）色彩的心理感觉。不同的色彩会给浏览者以不同的心理感受。

红色：热情、活泼、热闹、革命、温暖、幸福、吉祥、危险……

橙色：光明、华丽、兴奋、甜蜜、快乐……

黄色：明朗、愉快、高贵、希望、发展、注意……

绿色：新鲜、平静、安逸、和平、柔和、青春、安全、理想……

深远、永恒、沉静、理智、诚实、寒冷……

紫色：优雅、高贵、魅力、自傲、轻率……

白色：纯洁、纯真、朴素、神圣、明快、柔弱、虚无……

灰色：谦虚、平凡、沉默、中庸、寂寞、忧郁、消极……

黑色：严肃、刚健、坚实、寂静、沉默……

每种色彩在饱和度、透明度上略微变化就会产生不同的感觉。以绿色为例，黄绿色有青春、旺盛的视觉意境，而蓝绿色则显得幽宁、阴深。

2．网页色彩搭配的技巧

（1）用一种色彩。这里是指先选定一种色彩，然后调整透明度或者饱和度（说得通俗些就是将色彩变淡或者加深），产生新的色彩，用于网页中。这样的页面看起来色彩统一，有层次感。

（2）用两种色彩。先选定一种色彩，然后选择它的对比色（在 Photoshop 里按 Ctrl + Shift + I 快捷键）。整个页面色彩丰富但不花哨，如图 1.8 所示。

图 1.8　用两种色彩

（3）用一个色系。简单地说，就是用一

个感觉的色彩，如淡蓝、淡黄、淡绿；或者土黄、土灰、土蓝。

（4）用黑色和一种彩色。比如大红的字体配黑色的边框让人感觉很“跳”。

在网页配色中，忌讳的是：

（1）不要将所有色彩都用到，尽量控制在三种色彩以内。

（2）背景和前文的对比尽量要明显（绝对不要用花纹繁复的图案作背景），以便突出主要文字内容。

3．网页色彩搭配的原理

（1）色彩的鲜艳性。网页的色彩要鲜艳，容易引人注目。

（2）色彩的独特性。要有与众不同的色彩，使得访问者印象深刻。

（3）色彩的合适性。就是说色彩和所表达的内容要相符合，如用粉色体现女性站点的柔性。

（4）色彩的联想性。不同的色彩会让人产生不同的联想，如由蓝色想到天空、由黑色想到黑夜、由红色想到喜事等，选择的色彩要和网页的内涵密切关联。

四、网页的基本元素

网页的组成和一般的报纸杂志相似，主要是由文字和图形两大项组成。网页上还会因网站的性质不同，而加上丰富多彩的多媒体和 Flash 动画等，从而丰富网页的内容。不过这两者之间最大的不同是，网页具备了超链接的特性，正因为有了超链接才使得信息的内容更深更广。

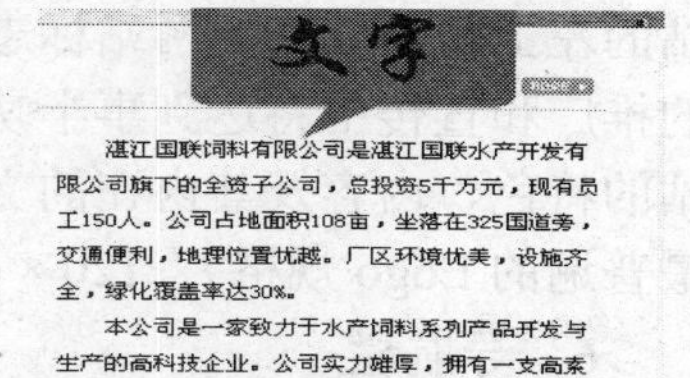

1．文字

文字叙述简单明了，而且具有文件容量小的优势，可以在短时间内完成下载整篇网页，是网页中不可或缺的元素。

2．图片

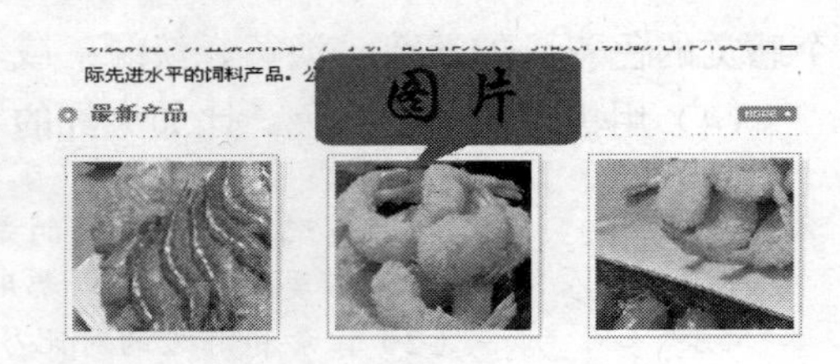

图片拥有多变及易读的特性，给人的视觉印象也比文字来得深刻。但由于文件较大，会占用较多的带宽。

文字与图片是任何一个网站最基本的要素。在一个网页中，文字与图片的比例要适当，文字太多，会减弱网站的吸引力；图片太多，又会使页面的浏览速度大大下降，以致浏览者可能还没等到网页内容全部显现，就已经跳到别的网页甚至把浏览器关掉了。

3．超链接

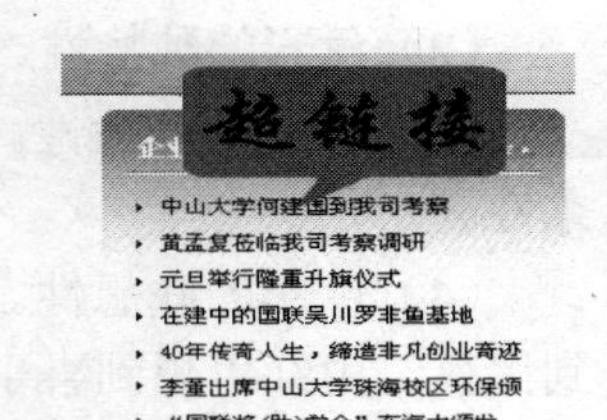

超链接就像是马拉多纳的任意球一样，只要用鼠标在超链接点来点去，就可以到达想去的地方。规划好网页中的超链接，可是件非常重要的事！

超链接包括两类：超文本链接和超媒体链接。

超文本是把一些信息根据需要链接起来的信息管理技术，通过一个文本的链指针打开另一个相关的文本。只要用鼠标点一下文本中带下划线的条目，便可获得相关的信息。

超媒体，简单地说：超媒体＝超文本＋多媒体。它在本质上和超文本是一样的，只不过超文本技术在诞生初期管理的对象是纯文本，所以叫作超文本。随着多媒体技术的兴起和发展，超文本技术的管理对象从纯文本扩展到多媒体，为强调管理对象的变化，就产生了超媒体这个词。

我们通常所说的网站或网页，就是由一个或多个超文本组成的，而我们进入网站首先看到的那一页称首页或主页（Home Page）。网页的出色之处在于能够把超链接嵌入网页中，这使得用户能够从一个网页站点方便地转移到另一个相关的网页站点。

4．Flash 动画

假如网页上只有静止的文字和图片，就未免显得过于沉闷；假如有些动画的点缀，必定会生色不少。而 Flash 的功能很广泛，可以生成动画、创建网页互动性，以及在网页中加入声音，还可以生成亮丽夺目的图形和界面。

5．网站 Logo

网站 Logo，也叫网站标志，它是一个网站的象征，也是一个网站是否正规的重要标志之一。网站标志一般放在网站的左上角。成功的网站标志有着独特的形象标识，在网站的推广和宣传中将达到事半功倍的效果。网站标志应体现网站的特色、内容及其内在的文化内涵和理念。通常有 3 种尺寸，即 88 × 31（这是互联网上最普遍的 Logo 规格）、120 × 60（一般大小的 Logo）和 120 × 90（大型 Logo）。

6．导航栏

导航栏是网页设计中的重要部分，又是整个网站设计中较独立的部分。一般来说，网站中的导航栏在各个页面出现的位置是比较固定的，而且风格也较为一致。导航栏的位置对网

站的结构和各个页面的整体布局起着举足轻重的作用。

导航栏 | 新闻中心 | 产品展示 | 人才招聘 | 客户服务 | 企业论坛 | 联系我们

导航栏的常见显示位置一般有4种，分别在页面的左侧、右侧、顶部和底部。有的在同一个页面中运用了多种导航栏，如有的在顶部设置了主菜单；而在左侧又设置了折叠菜单；同时又在底部设置了多种链接，这样便增强了网站的可访问性。当然并不是导航栏在页面中出现的次数越多越好，而是要合理地运用页面达到总体的协调一致。

成长加油站

除了以上常用的元素之外，还有以下几项供参考。

1．声音

声音是多媒体网页中一个重要的组成部分。如果能在五彩缤纷的网页中再加上美妙的声音，则有锦上添花的效果。目前用于网络的声音文件格式非常多，常见的有 midi，wav，mp3 和 aif 等。在添加声音时，需要考虑其用途、格式、大小、品质及浏览器等因素。

2．视频

视频的采用会使网页变得精彩而富有动感，如前面所说的青岛啤酒城官方网站。视频的格式也非常多，主要分两类：一类是影像文件，如 avi，mov，mpeg 等；另一类是流媒体文件，如 rm，asf，wmv 等。

3．特效

网页特效是用程序代码在网页中实现特殊效果或者特殊功能的一种技术，它帮网页活跃了气氛，增加了亲和力，如悬停按钮、漂浮广告、滚动字幕、背景渐变、图像淡出等。制作网页特效需要掌握一些脚本知识（如 VbScript，JavaScript）。

4．表单

表单是一种特殊的网页元素，在网页中主要负责数据采集或实现一些交互式的效果。一个表单有3个基本组成部分：表单标签；表单域（包括文本框、密码框、隐藏域、多行文本框、复选框、单选框、下拉选择框和文件上传框等）；表单按钮（包括提交按钮、复位按钮和一般按钮）。

实践演练　网页赏析

【操作要求】

浏览几个网站，对其首页的特色和不足进行赏析说明，主要包括页面布局结构、颜色搭配、导航栏、文字效果、图片效果、动画效果等。从以下网站中选择两个进行赏析。

（1）当当购物网：http://www.dangdang.com/

（2）北京大学网：http://www.pku.edu.cn/

（3）榕树下文学网：http://www.rongshuxia.com/

（4）中国体育资讯网：http://www.sportinfo.net.cn

以“外国网站欣赏”为关键字，在互联网上搜索相关的国外网站，例如 http://pages.knowsky.com/webshow.asp?id = 6876，对比分析其在设计风格上与中国网站的不同，如图 1.9 所示。

图 1.9　国外网站

过程评价

任务评估细则		学生自评	学习心得
1	学会浏览欣赏网站		
2	网页版面布局的设置和原则		
3	网页的色彩搭配		
4	网页的组成要素		
5	课堂实践		

任务二　浏览网页

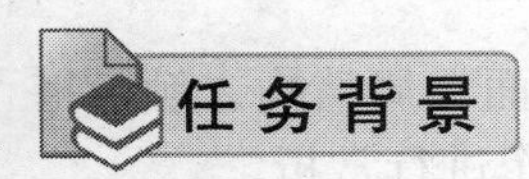
任务背景

为什么网页可以在 Internet 上传播，为什么可以被用户的电脑所识别，网页是怎样做出来的呢？下面一起来了解一些网站和网页的基础知识吧！

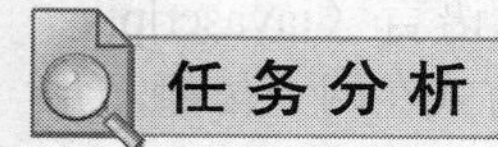
任务分析

- 掌握浏览器网站开发流程
- 理解网页和网站、静态网页和动态网页的概念
- 了解网站开发的常用工具

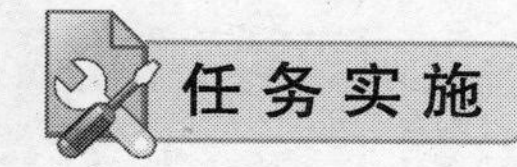
任务实施

一、WWW 服务

WWW 是 Internet 的多媒体信息查询工具，是 Internet 上近年才发展起来的服务，也是发展最快和目前应用最广泛的服务。正因为有了 WWW 工具，近年来 Internet 才得以迅速发展，且用户数量飞速增长。

1．WWW 简介

WWW 是 World Wide Web（环球信息网）的缩写，也可以简称为 Web，中文名字为“万维网”。它起源于 1989 年 3 月，是由欧洲量子物理实验室 CERN（the European Laboratory for Particle Physics）所发展出来的主从结构分布式超媒体系统。通过 Web，人们只需使用简单的方法，就可以很迅速方便地获得丰富的信息资料。

由于用户在通过 Web 浏览器访问信息资源的过程中，无须再关心一些技术性的细节，而且界面非常友好，因而 Web 在 Internet 上一经推出就受到了热烈的欢迎，迅速走红全球，并得到了爆炸性的发展。

2．WWW 的发展和特点

长期以来，人们只是通过传统的媒体（如电视、报纸、杂志和广播等）获得信息。但随着计算机网络的发展，人们获取信息已不再满足于传统媒体那种单方面传输和获取的方式，而希望有一种主观的选择性。现在，网络上提供各种类别的数据库系统，如文献期刊、产业信息、气象信息、论文检索等。由于计算机网络的发展，信息的获取变得非常及时、迅速和便捷。

现在，Web 服务器成为 Internet 上最大的计算机群，Web 文档之多、链接网络之广，令人难以想象。可以说，Web 为 Internet 的普及迈出了开创性的一步，是近年来 Internet 上取得的最激动人心的成就。

WWW 采用的是客户/服务器结构，其作用是整理和储存各种 WWW 资源，并响应客户端软件的请求，把客户所需的资源传送到 Windows 95（或 Windows98），Windows NT，UNIX 或 Linux 等平台上。

二、认识网页和网站

使用浏览器在 Internet 上浏览各类网页和网站，已经成为人们通过 Internet 了解社会的一种重要手段。但什么是网页？什么是网站？有何分别？有何关系？

1．什么是网页

网页（Web Page），是指我们使用浏览器所看到的每一个画面，而当我们进入任何网站时所

看到的第一个网页称为首页（Home Page）。通常是 HTML 格式或其他语言（javascript，vbscript，asp，jsp，php 或 xml 等）编写文档，该文档可以使用 WWW 的方式在网上传播，并被浏览器识别、翻译成 Web 页面形式显示出来。

首页可以说是网站的门面，其主要负责引导的工作。另外，首页的制作代表了网站的风格。如果设计的首页很漂亮，网站就会吸引很多人来，进而走红，也许还能进入 CYBEROSCAR 网际金像奖的排行榜呢！

网页一般分为两类：一类是静态网页；另一类是动态网页。

2．什么是网站

网站其实就是很多网页的集合。所以，网站设计者必须先想好整个网站的架构，再依据这个架构制作网页，让网页间彼此链接。举例来说，学校的网站就是由许多不同内容的网页组成的。其中包括：校园文化、学校管理、教育教研、先锋青年、心灵家园、招生就业等，如图 1.10 所示。

图 1.10　网页

简单地说，网站就是许多相关网页有机结合而形成的一个信息服务中心。在 WWW 上，信息是通过一个个网页呈现出来的，是用户在浏览器上看到的一个个画面。网站的设计者将要提供的内容和服务制作成许多个网页，并且经过组织规划让网页互相链接，然后把相关的文件存放在 Web 服务器上。只要用户连接 Internet，就可以使用浏览器访问到这些信息。这样一个完整的结构就称为“网站”，又常称为“站点”。

3．网站的分类

网站一般分为商业网站与非商业网站。不同的网站有不同的特性、功能与设计目的。只有了解了这些内容，才能正确地对网站进行分析设计，在此基础上开发出的网站才能实现设计目的。

人们经常浏览的网站大致可分为以下几类。

（1）以咨询提供某些信息为主要目的的资讯类网站是目前最普通的一类网站，如新浪、搜狐等，如图 1.11 所示。

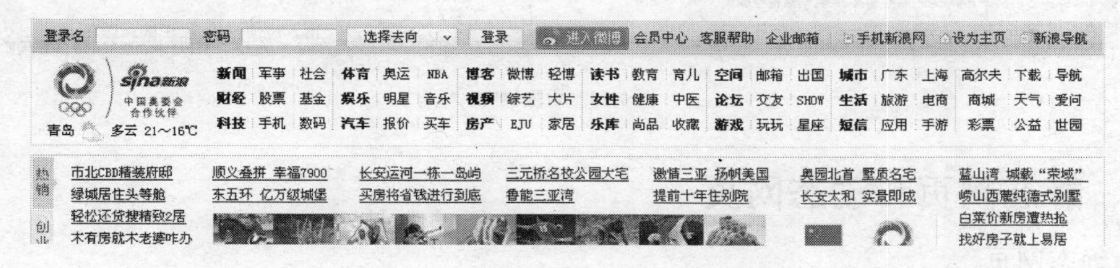

图 1.11　新浪网

（2）以体现企业实力、推介企业业务、体现企业 CIS 和品牌理念为主的企业品牌类网站，如联想 BIM 和www.00jk.com，当然这类网站还有其他实用性，如图 1.12 所示。

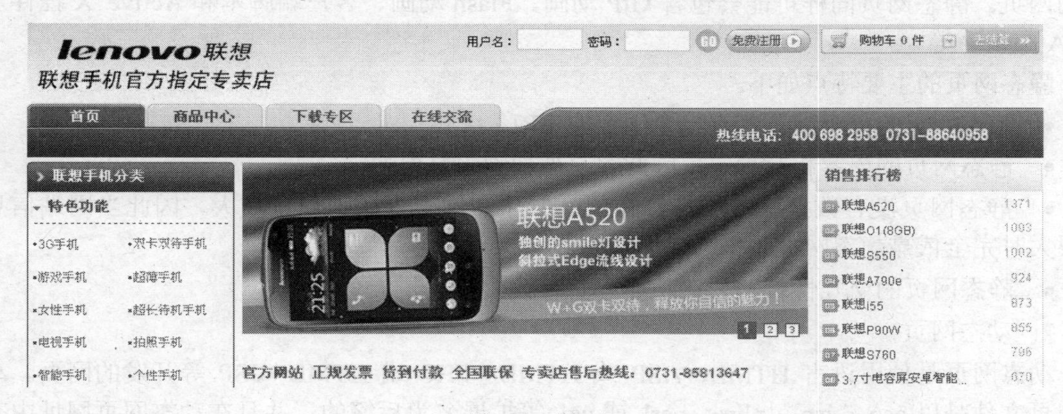

图 1.12　联想网

（3）以实现交易为目的，以订单为中心的交易类网站，如淘宝、易趣、拍拍等，如图 1.13 所示。

图 1.13　淘宝网

（4）功能性网站。这是近年来新兴起的一种网站，google 即典型代表。这类网站主要将一个具有广泛要求的功能扩展开来，开发一套强大的支撑体系，并将该功能推向极致，看似简单，却往往投入惊人、效益可观，如图 1.14 所示。

图 1.14　百度网

三、静态网页和动态网页

1．静态网页

静态网页是采用标准的 HTML 编写的网页，其文件后缀一般是.htm，.html，.shtml 或.xml 等。静态网页并不是指网页中的元素是不动的，而是指浏览器与服务器端不发生交互的网页。静态网页同样可能会包含 GIP 动画、Flash 动画、客户端脚本和 Active X 控件及 JAVA 小程序等。

静态网页的主要特点如下。

- 静态网页的每个网页都有一个固定的 URL；
- 静态网页的内容相对稳定，因此容易被搜索引擎检索；
- 静态网页没有数据库的支持，在网站制作和维护方面工作量较大，因此当网站信息量很大时完全依靠静态网页制作方式比较困难；
- 静态网页的交互性较差，在功能方面有较大的限制。

2．动态网页

动态网页是使用语言 HTML + ASP 或 HTML + PHP 或 HTML + JSP 等开发的网页。动态网页文件是以.asp，.jsp，.php，.perl 或.cgi 等扩展名为后缀的，并且在动态网页网址中有一个标志性的符号——“?”。

动态网页的一般特点归纳如下。

- 动态网页以数据库技术为基础，可以大大减少网站维护的工作量；
- 采用动态网页技术的网站可以实现更多的功能，如用户注册、用户登录、在线调查、用户管理、订单管理等；
- 动态网页实际上并不是独立存在于服务器上的网页文件，只有当用户请求时服务器才返回一个完整的网页；
- 动态网页中的“?”对搜索引擎检索存在一定的问题。搜索引擎一般不可能从一个网站的数据库中访问全部网页，或者出于技术方面的考虑，搜索蜘蛛不去抓取网址中“?”后面的内容，因此采用动态网页的网站在进行搜索引擎推广时需要做一定的技术处理才能适应搜索引擎的要求。

区分静态网页与动态网页的基本方法：第一看后缀名，第二看能否与服务器发生

交互行为。

四、常用网页设计软件

制作一个精美的网页常常需要综合利用各种网页制作工具才能完成，Dreamweaver，Flash，Photoshop，Fireworks 这四款软件是目前常用的网页设计软件。

1．Dreamweaver——网页编辑工具

使用 Dreamweaver 可以快速、轻松地完成网站的设计、开发和维护。该软件为使用人员推出了直观的可视化布局界面与简化的编码环境界面，是网页设计与制作领域中用户最多、应用最广、功能最强的软件，利用它可以轻而易举地制作出充满动感的网页，因而被称为网页制作三剑客之一，操作界面如图 1.15 所示。

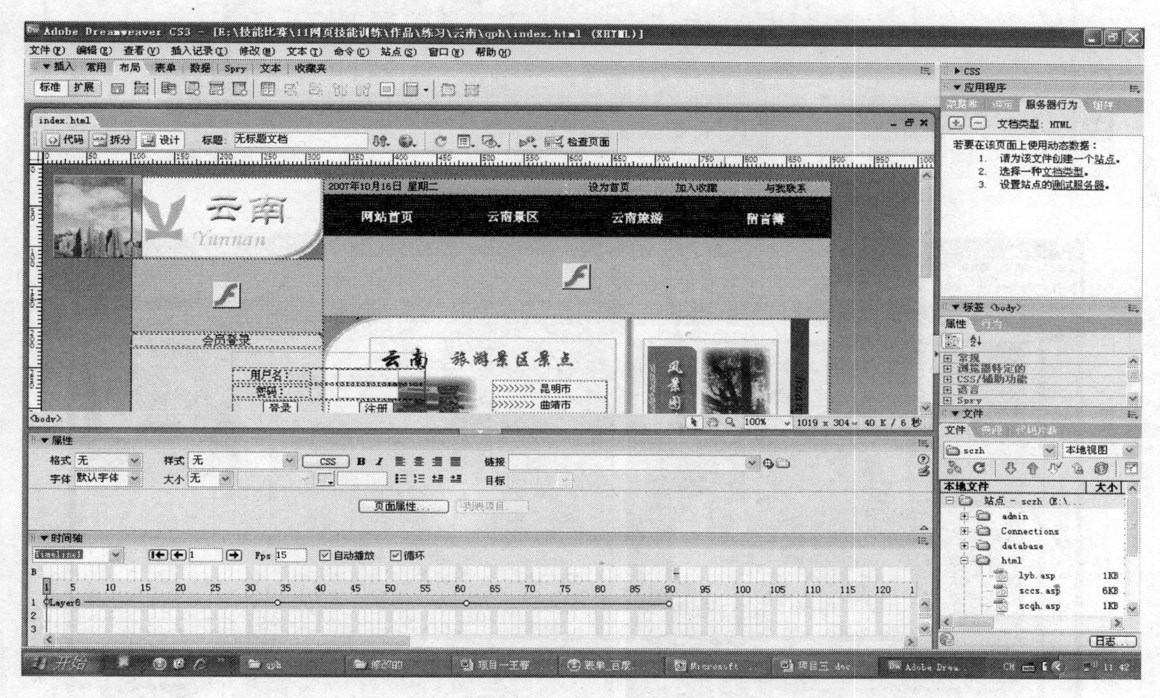

图 1.15　Dreamweaver

2．Flash——动画制作工具

Flash 是目前非常流行的动画制作软件之一。它集矢量图编辑和动画创作于一体，能够将矢量图、位图、音频、动画和交互动作有机灵活地结合在一起，以创建美观、交互性强的动态网页效果。其文件的扩展名为.swf，操作界面如图 1.16 所示。

3．Photoshop，Fireworks——图像处理工具

- Photoshop 是由 Adobe 公司出品的图像处理软件，其文件的扩展名为.psd。它能够实现各种专业化的图像处理，是专业图像创作的首选工具，操作界面如图 1.17 所示。
- Fireworks 是 Macromedia 公司专门设计的 Web 图形处理软件，其文件的扩展名为.png。Fireworks 中的工具种类齐全，可以在单个文件中创建与编辑矢量和位图图形。

图 1.16 Flash

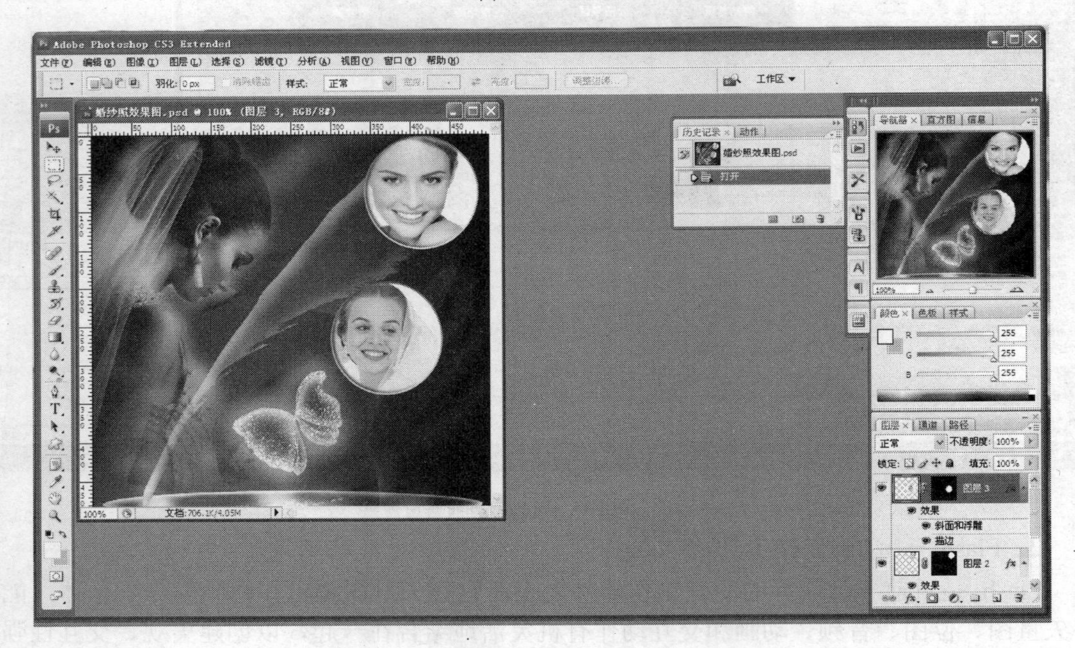

图 1.17 Photoshop

淘宝网页面体验

【操作要求】

（1）使用 IE 浏览器打开淘宝首页 http://www.taobao.com/。

（2）在搜索引擎中输入如“女装”、“男装”、“儿童装”等来体验不同的页面。

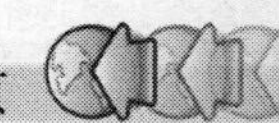

任务评估细则		学生自评	学习心得
1	浏览器 WWW		
2	网页和网站		
3	静态网页和动态网页		
4	常用网页的制作工具		
5	课堂实践		

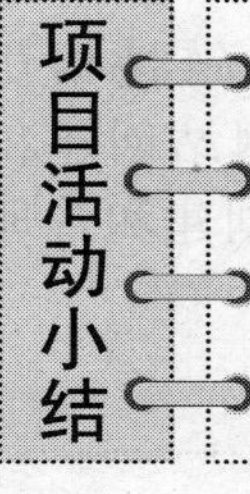

通过本项目的学习能够对网站设计有一个全面的理解，认识到网站设计是一个系统的工程，需要具备多方面的能力。

- 要注意培养自己的审美能力；
- 要注意培养自己沟通和分析问题的能力；
- 要有编写策划书的能力。

项目活动二

Dreamweaver 初体验

项目活动描述

网站是网页的有机集合。网页之间不是杂乱无章的，它们通过各种链接相互关联，从而描述相关的主题或实现相同的目标。本项目从认识功能强大的网站创建和管理工具——Dreamweaver 软件入手，掌握 HTML 中的常用标记，再用其创建和管理本地站点。

- 掌握 Dreamweaver 的操作界面。
- 学会站点的创建与基本操作。
- 掌握 HTML 中常用标记的用法，能够在 Dreamweaver 中熟练利用 HTML 编写简单网页。
- 掌握文本和图像的格式化及排版。

任务一 创建和管理站点

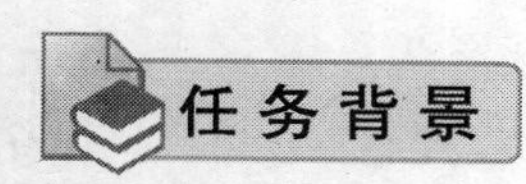

Dreamweaver 的优势在于它不仅是优秀的所见即所得的网页编辑软件，同时兼顾了 HTML 源代码的编辑，用户可以方便地在两种模式之间切换。

任务分析

- 了解 Dreamweaver 的工作环境，掌握 Dreamweaver 的相关操作
- 掌握建立站点的一般步骤和对站点的管理
- 掌握网页页面属性的设置

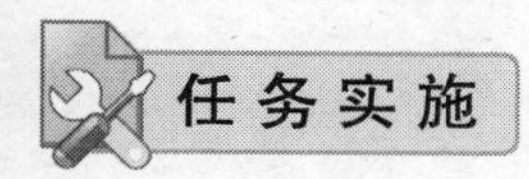

一、Dreamweaver 的工作环境

跟我学　功能面板的移动

当光标靠近功能面板左上角的时，会变成“十”字形。这时如按住鼠标左键，用户就可以任意拖动面板，使其脱离整个界面成为浮动面板，也可以将其拖回恢复原状，如图 2.1 所示。

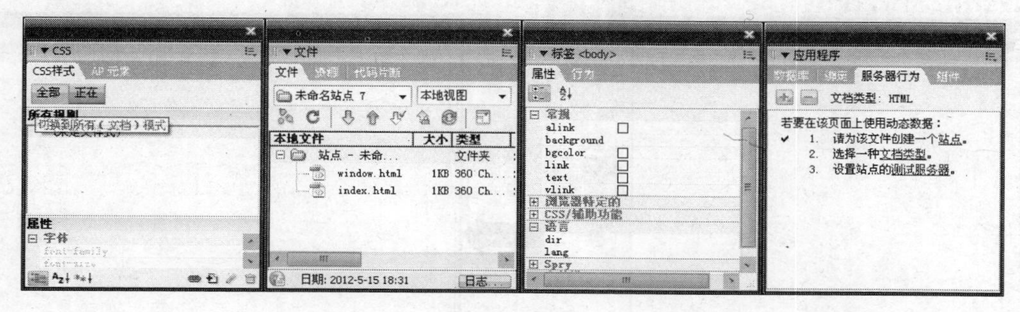

图 2.1　浮动的功能面板

跟我学　功能面板的展开和收缩

单击面板左上角的方向向右的白三角形后会展开这个面板，而单击面板左上角方向向下的白三角形后会将面板在窗口中最小化，如图 2.2 所示。

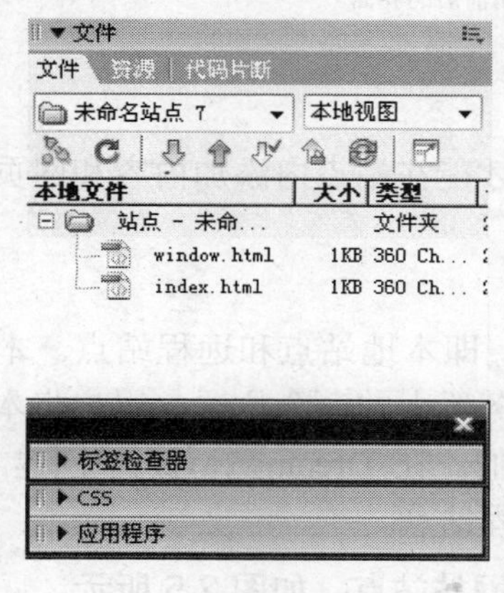

图 2.2　展开的功能面板

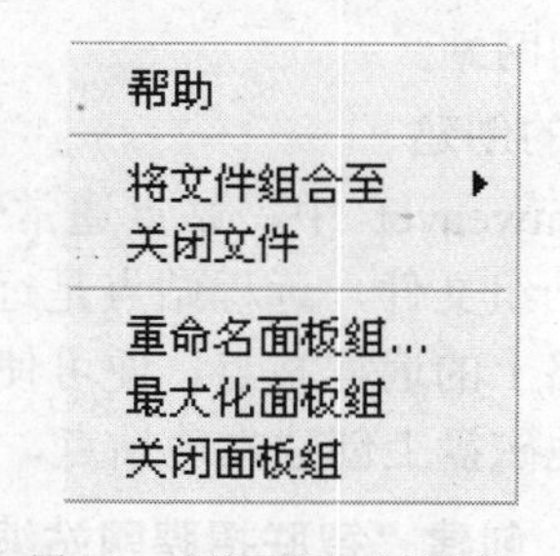

图 2.3　功能面板的快捷菜单

跟我学　使用面板上的按钮

每个展开面板的右上角都有一个按钮，单击它，就会弹出一个菜单。如图 2.3 所示。不同的面板所弹出的菜单内容也不一样，但都包括以下 6 个命令。

- 帮助：打开 Dreamweaver 软件的帮助文件，自动定位到与该功能面板相关的内容。
- 将文件组合至：可以将当前面板与其他面板重新组合，从而成为其他面板中的一个子项。
- 关闭文件：关闭当前文件。

- 重命名面板组：重新命名面板顶部的名称。
- 最大化面板组：折叠其他的面板，将当前面板最大化。
- 关闭面板组：在操作界面中隐藏当前面板。

跟我学 **扩大网页编辑窗口**

有时用户在编辑网页时会觉得编辑窗口太小，想暂时关闭功能面板，以便获取更大的编辑空间。这时就可以通过功能面板组上的按钮将面板组最小化，当需要时再展开。如图 2.4 所示。

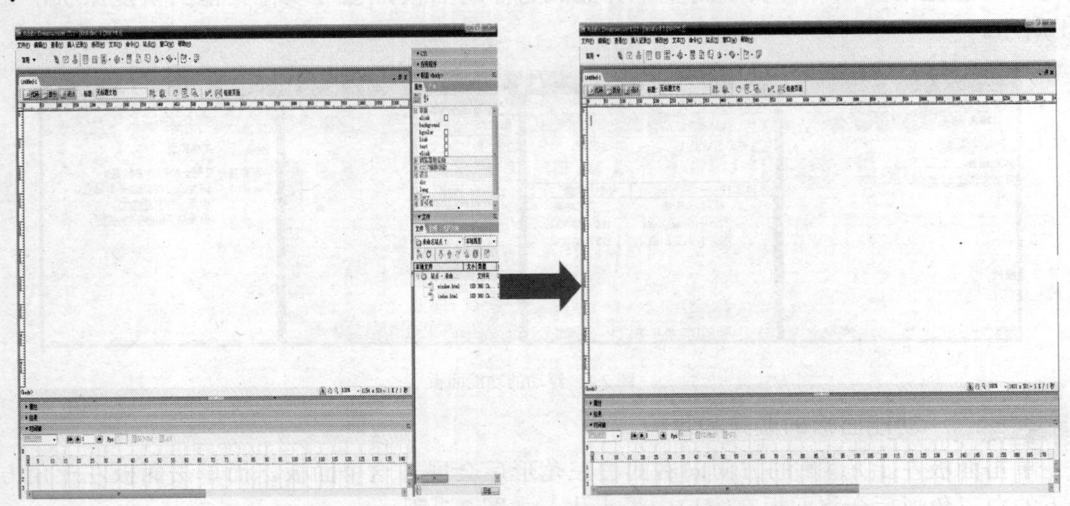

图 2.4 功能面板关闭前后的界面

二、站点的创建与管理

各种各样的网站都要先建立一个站点，然后才能在站点内添加内容和网页，继而形成一个多姿多彩的网站。

1．站点的创建

在 Dreamweaver 中，站点通常包含两部分，即本地站点和远程站点。本地站点是本地计算机上的一组文件，远程站点是远程 Web 服务器上的一个位置。用户将本地站点中的文件发布到网络上的远程站点，便可使公众访问它们。在 Dreamweaver 中创建 Web 站点，通常是先在本地磁盘上创建本地站点，然后创建远程站点。

跟我学 **创建“智联招聘网站编辑岗位”的网站站点，如图 2.5 所示。**

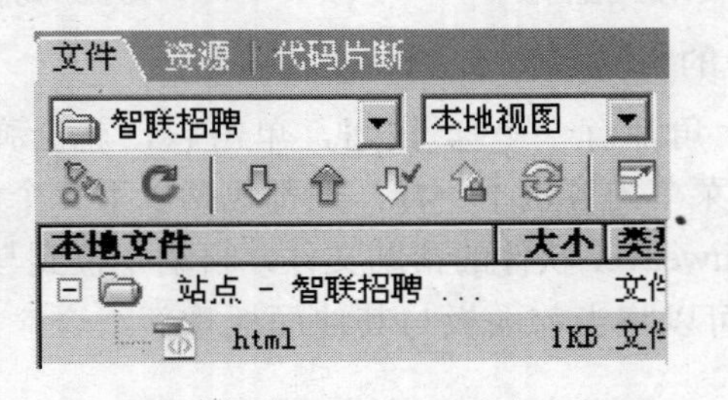

图 2.5 创建好的智联招聘网站站点

步骤一：执行“站点—管理站点”命令，弹出“管理站点”对话框，如图 2.6 所示。

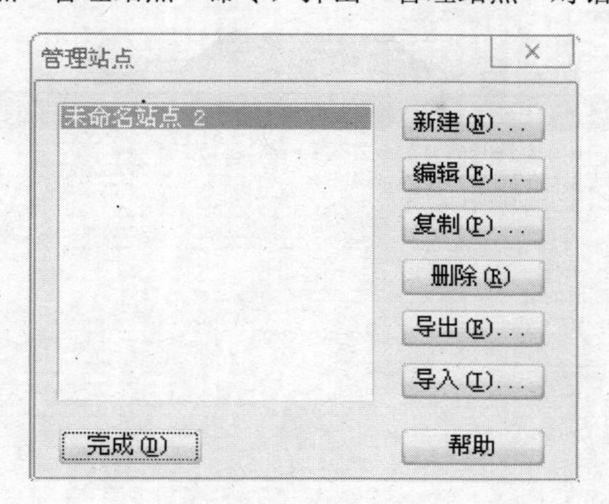

图 2.6　“管理站点”对话框

步骤二：在对话框中单击“新建”按钮，在弹出的菜单中选择“站点”命令，弹出“未命名站点 1 的站点定义为”对话框。

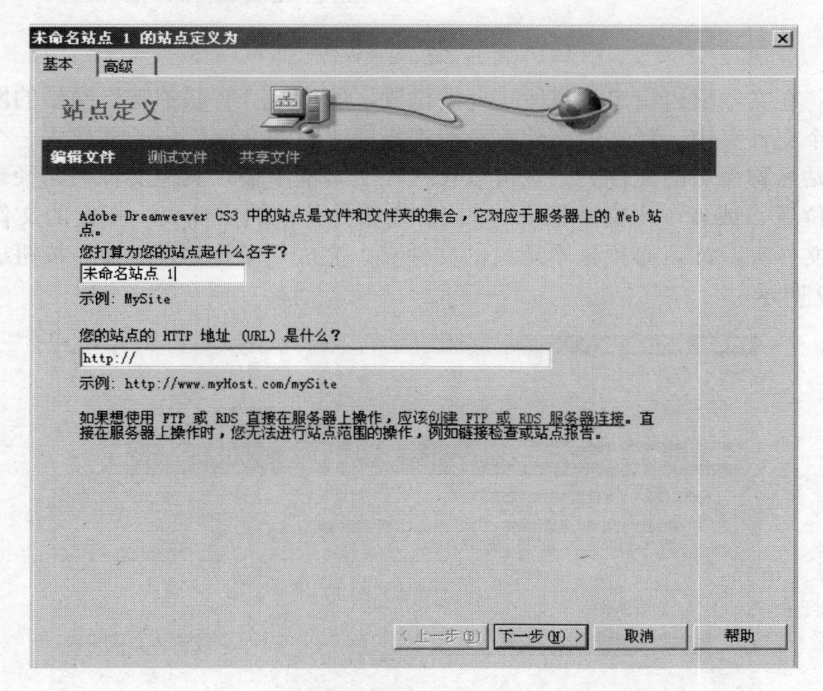

图 2.7　站点定义向导一

步骤三：如图 2.7 所示，在文本框中输入网站的名称，以便在 Dreamweaver 中识别该站点。站点名称可以随意取。在这里输入“智联招聘”然后单击“下一步”按钮进入下一个向导。

步骤四：当站点定义向导二的功能是询问“是否要使用服务器技术”，选择“否”，表示目前该站点是一个静态站点，没有动态页；选择“是”则需要进一步选择动态网页类型。这里制作的网站是一个静态网站，所以选择“否”，然后单击“下一步”按钮进入下一个向导，如图 2.8 所示。

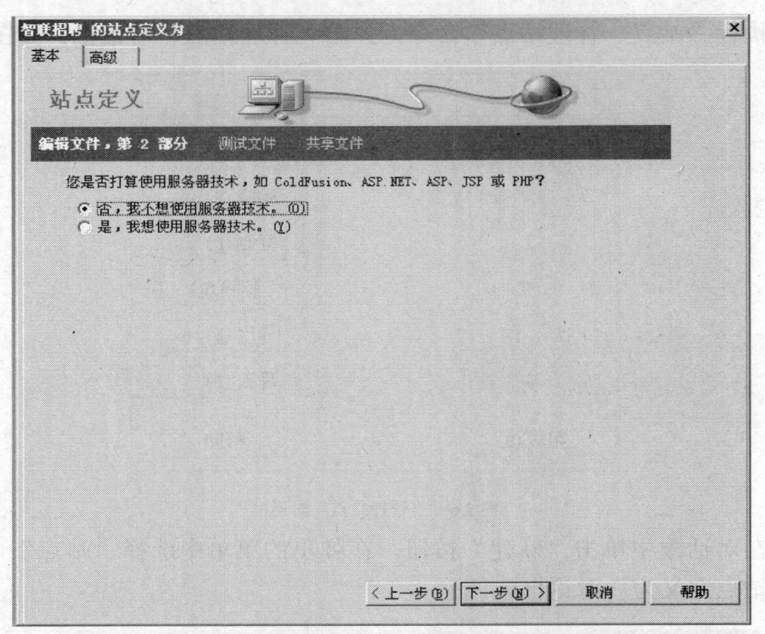

图 2.8　站点定义向导二

步骤五：在文本框内指定站点所指向的位置，即指定“智联招聘”网站的网页存放在本地硬盘的哪个文件夹内。默认的文件夹一般都指向“我的文档”内，并建立一个以上一步向导指定的网站名称命名的文件夹。也可以直接在文本框中输入其他文件夹路径来重新修改网站文件夹的位置，或者单击文本框右边的 来选择其他的文件夹。指定的文件夹就是所建立网站的根文件夹，注意必须是本地盘的文件夹。完成后单击“下一步”按钮进入下一个向导，如图 2.9 所示。

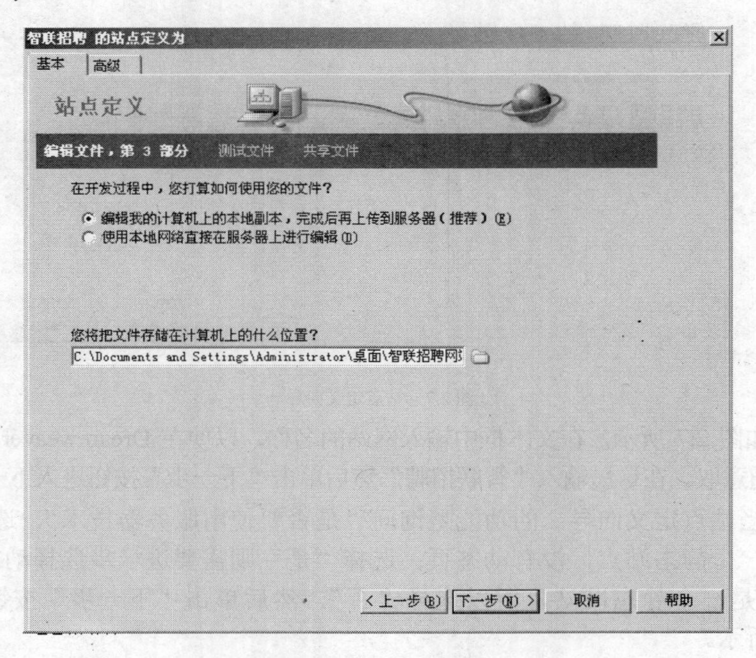

图 2.9　站点定义向导三

步骤六：站点定义向导四是询问“如何连接到远程服务器”，有 FTP、本地/网络、RDS 等方式。如果没有远程服务器，这里可以选择“无”（见图 2.10）。选择“本地/网络”，然后单击下面的 ，将文件夹放在所建立的根文件夹内。再单击“下一步”按钮进入站点定义向导五。

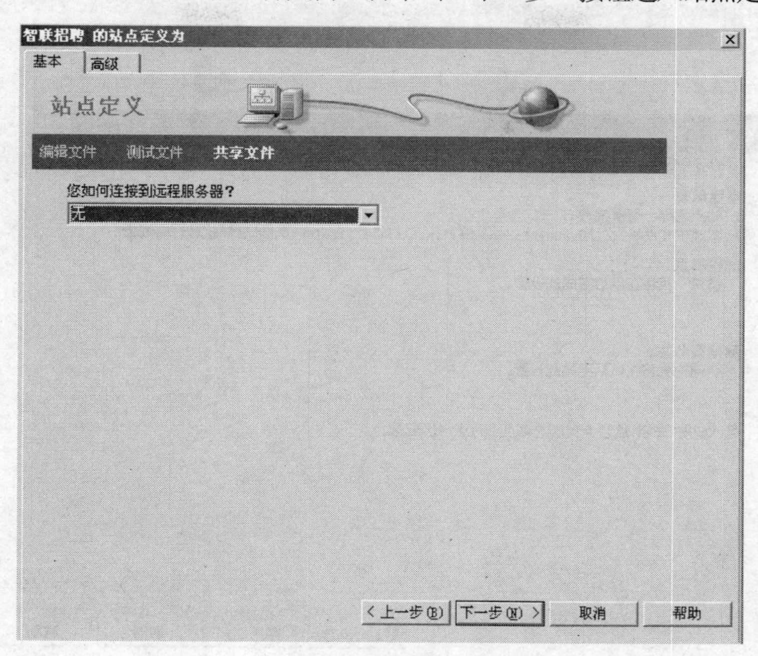

图 2.10　站点定义向导四

步骤七：在站点定义向导五内选择默认选项，然后单击“下一步”按钮。如图 2.11 所示，进入下一个向导。

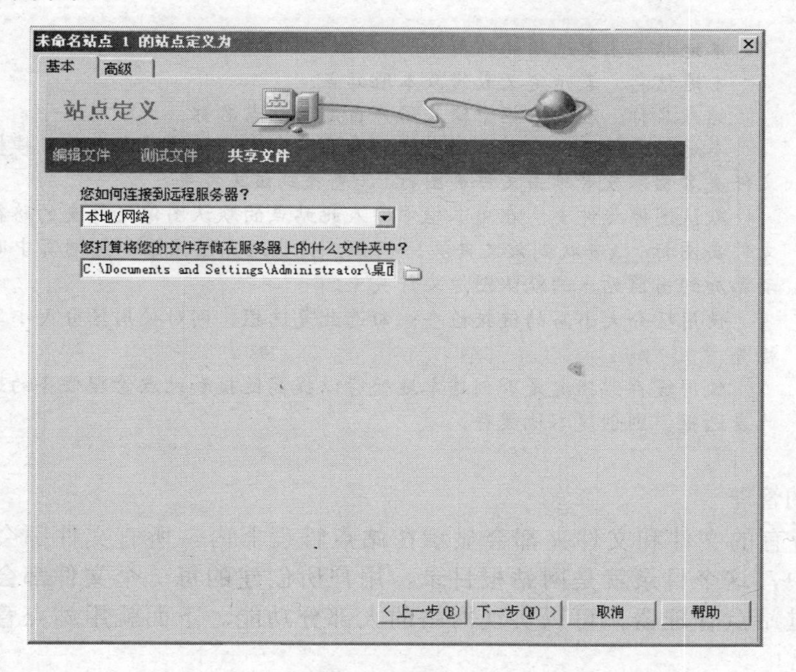

图 2.11　站点定义向导五

步骤八：在站点定义向导六内出现设置概要。单击“完成”按钮完成站点的设置。如图2.12所示。

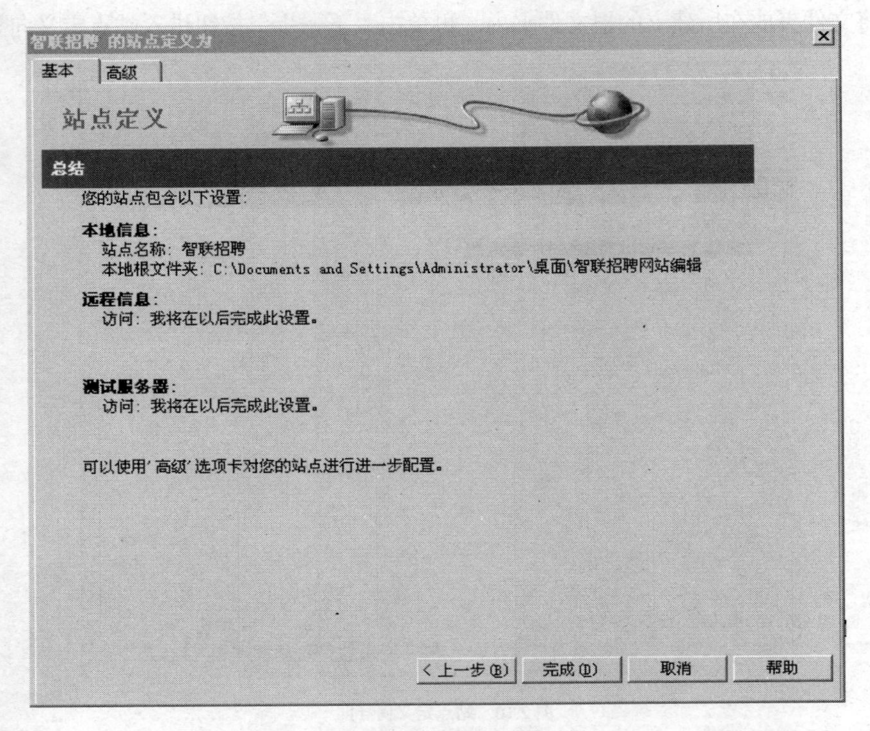

图2.12　站点定义向导六

至此，“智联招聘”网站的站点已建成，在站点面板上会显示站点中所有的文件和文件夹。

本地站点主要选项的作用

本地信息：表示定义或修改本地站点。

站点名称：在文本框中输入用户自定的站点名称。

本地根文件夹：在文本框中输入本地磁盘中存储的站点文件、模板和库项目的文件夹名称，或者单击文件夹图标查找到该文件夹。

默认图像文件夹：在文本框中输入此站点的默认图像文件夹的路径，或者单击文件夹图标查找到该文件夹。例如，将非站点图像添加到网页中时，图像会自动添加到当前站点的默认图像文件夹中。

使用区分大小写的链接检查：勾选此复选框，则对使用区分大小写的链接进行检查。

使用缓存：指定是否创建本地缓存以提高链接和站点管理任务的速度。若勾选此复选框，则创建本地缓存。

2．站点的管理

网站内所有的文件和文件夹都会显示在站点管理器内。所有文件都会放在为网站定义的目录中，这个目录就是网站根目录，用户所创建的每一个文件都会保存在这个网站内。通过站点管理器，可以实现网站的大部分功能。下面就用站点管理器来管理所建的网站吧！

跟我学　修改站点信息

（1）打开站点管理工具。执行菜单的“站点—管理站点—编辑”命令，如图 2.13 所示。

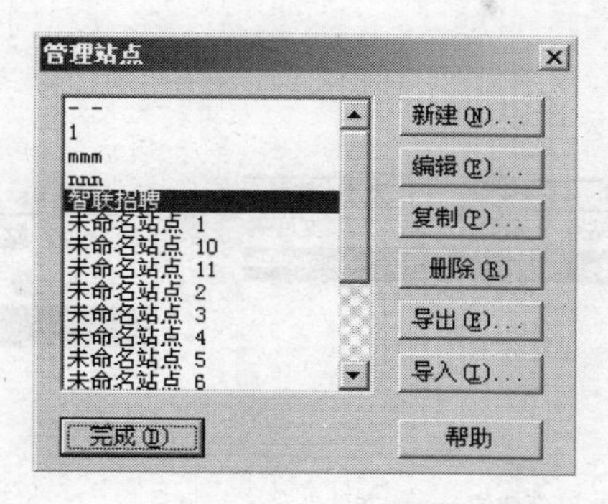

图 2.13　“管理站点”对话框

（2）弹出如图 2.14 所示的“高级选项”对话框，在对话框的左边选择选项，右边就会出现相应的信息。修改好后单击“确定”按钮保存设置。

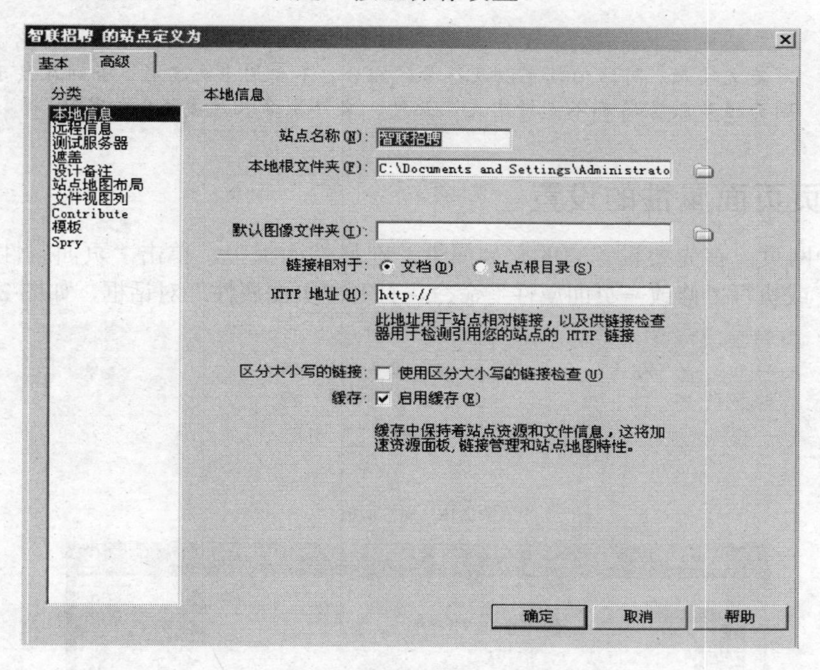

图 2.14　“高级选项”对话框

（3）在“站点名称”文本框中重新定义站点的名称。

（4）在“本地根文件夹”文本框中重新定义站点的路径，或单击右侧 图标，重新选择根文件夹。

跟我学　利用站点管理器新建 Image 文件夹和网页文件

（1）在站点功能面板上用鼠标右键单击刚才新建的站点，弹出如图 2.15 所示菜单。选择“新建文件夹”命令就会在站点下建立一个新的文件夹，取名为 image，专门用来存放各类图像文件，与网页存放分开，进行分类管理，如图 2.16 所示。

（2）在站点名称上单击鼠标右键，在弹出的快捷菜单中选择“新建文件”，取名为index.asp，即网站的首页文件，如图2.17所示。

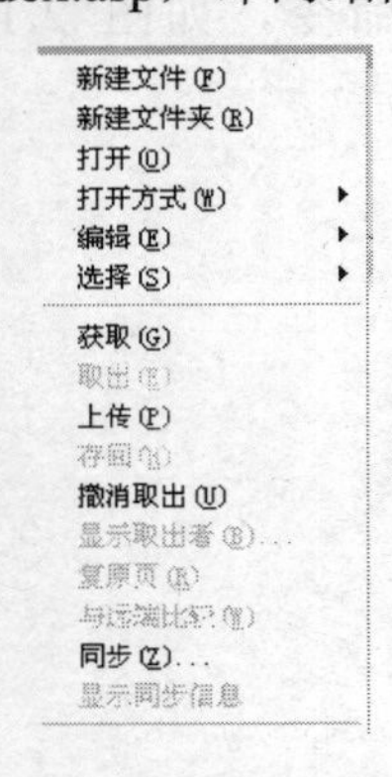

图2.15　站点的快捷菜单

图2.16　新建的image文件夹

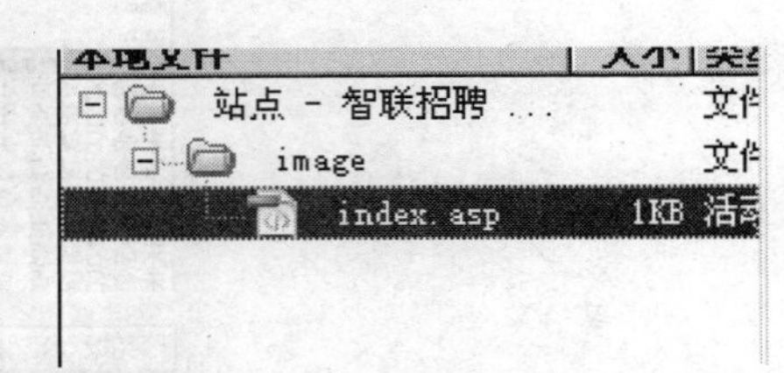

图2.17　新建的index文件

（3）按步骤（2）的方法依次建立网站的其他网页文件：jichuzhishi（基础知识），wordwj（Word文件），pptwj（PPT文件）等。

给网站中的网页和文件名命名（包括以后引入的图片、动画文件名），应该用小写英文字母、阿拉伯数字以及符号的组合，不要用中文名称，否则在显示时会出错，因为很多服务器都不支持中文。此外，文件主名长度要≤8个字符。

三、网页页面属性的设置

制作一个网页，首先要设置它的整体属性，在属性面板中，单击“页面属性”按钮，如图2.18所示，或执行“修改—页面属性”命令，打开“页面属性”对话框，如图2.19所示。

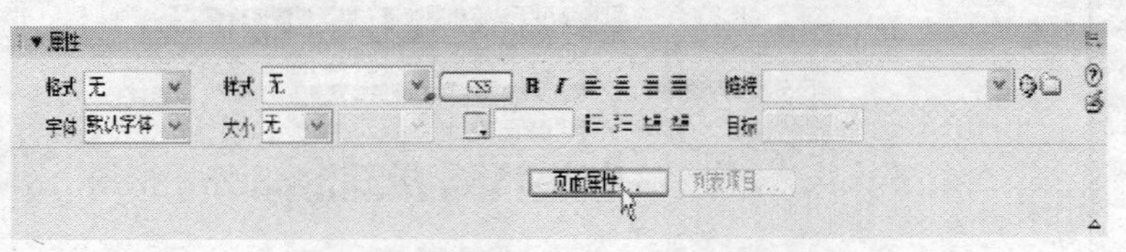

图2.18　属性面板

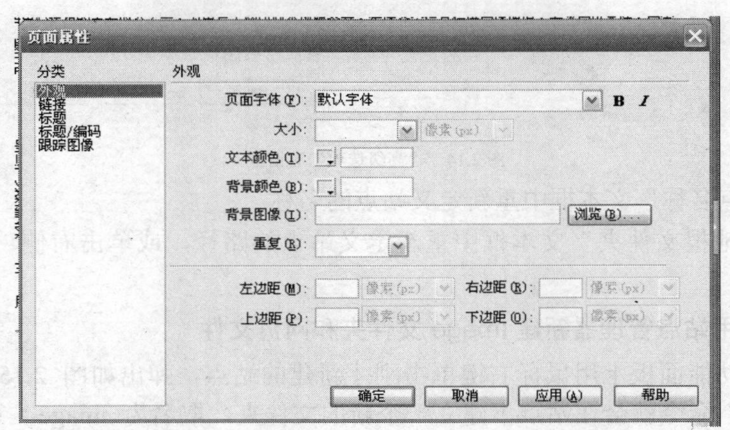

图2.19　“页面属性”外观对话框

- “外观”选项是设置页面的一些基本属性。可以定义页面中的默认文本字体、文本字号、文本颜色、背景颜色和背景图像等；设置页面的所有边距为 0。

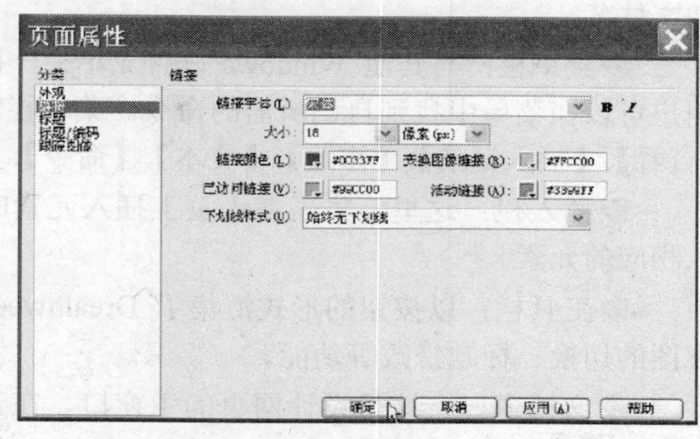

图 2.20　“页面属性”链接对话框

- “链接”选项内是一些与页面的链接效果有关的设置。“链接颜色”定义超链接文本默认状态下的字体颜色；“变换图像链接”定义光标放在链接上时文本的颜色；“已访问链接”定义访问过的链接的颜色；“活动链接”定义活动链接的颜色；“下画线样式”可以定义链接的下画线样式。如图 2.20 所示。
- “标题”标签是用来设置标题字体的一些属性。可以应用在具体文章中各级不同标题上的一种标题字体样式。可以定义“标题字体”及 6 种预定义的标题字体样式，包括粗体、斜体、大小和颜色。
- “标题/编码”标签是用来设置页面的标题内容和文档的一些属性。

成长加油站

Dreamweaver 的操作界面

Dreamweaver 的操作界面包括标题栏、菜单栏、插入栏、工具栏、文档窗口、属性面板和面板组等，如图 2.21 所示。

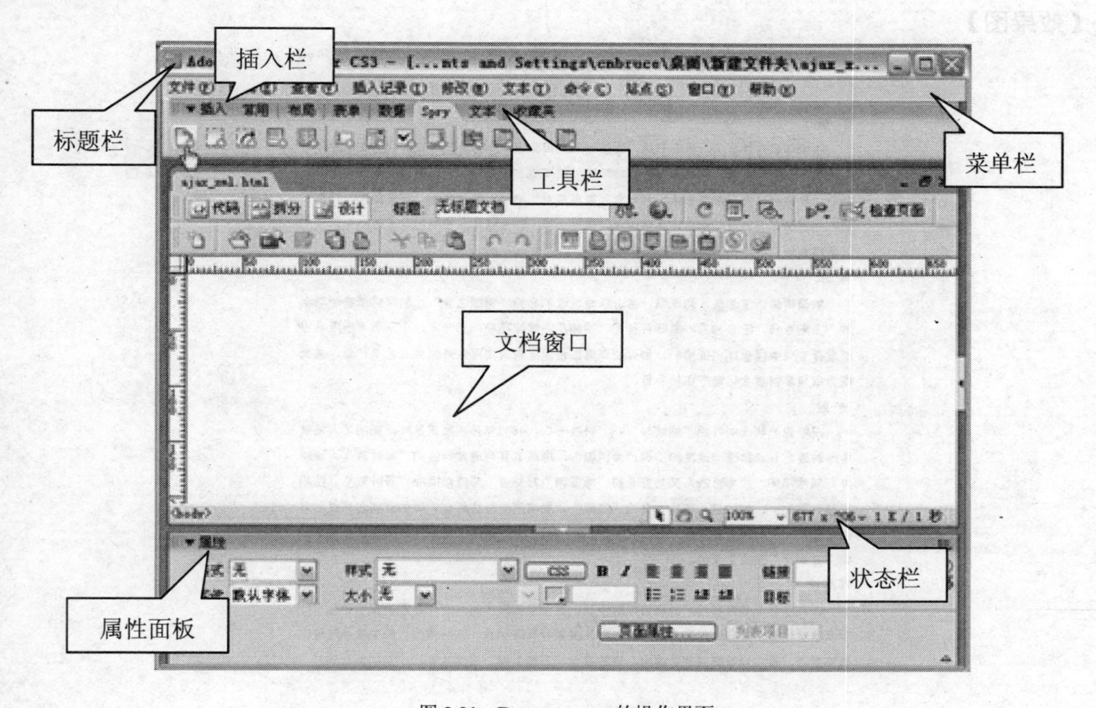

图 2.21　Dreamweaver 的操作界面

标题栏：标题栏是 Dreamweaver 界面最上方的组成部分，显示当前编辑的文档标题和文件名。

菜单栏：与其他 Windows 软件菜单栏一样，集成了 Dreamweaver 软件的所有功能。用户可以在菜单中找到自己所需的命令。菜单栏在标题栏的下方，其包括【文件】、【编辑】、【查看】、【插入记录】、【修改】、【文本】、【命令】、【站点】、【窗口】和【帮助】10 个菜单项。

插入栏：这里汇集了在主页上插入元素时所需的快捷标签，单击快捷标签就可以插入相应的元素。

工具栏：以按钮的形式汇集了 Dreamweaver 中常用的工具。主要实现“编辑窗口”视图的切换、标题修改等功能。

文档窗口：这是设计网页的主窗口。在该窗口中，用户可以对各种网页元素进行编辑和排版。

属性面板：用于调整编辑窗口中被选中的各种元素属性。

属性面板的设置项目会根据对象的不同而变化。例如，选中的是文字会出现字体、大小等属性；选中的是图像会出现宽、高、边框等属性。

状态栏：显示标签选择器，选取、移动和缩放按钮，以及其他信息。

浮动面板：可以和其他面板组停靠在一起或者取消停靠。

胶南旅游——胶南民间艺术网页

【效果图】

胶南民间艺术

年画

胶南年画内容喜庆，色彩鲜艳，造型夸张，渲染出年节的热烈气氛。1986年，胶南被人民美术出版社定为“年画基地”。1989年，胶南被文化部命名为“中国现代绘画画乡”。胶南年画先后赴阿根廷、乌拉圭、厄瓜多尔、加拿大等国展出，《年货》、《收获》、《渔家女》等40余幅作品获国际、国内大奖，20余幅作品被中国美术馆和中国民间美术馆收藏。

剪纸

胶南剪纸历史悠久，隐珠镇、宝山镇是远近闻名的“剪纸之乡”。胶南剪纸联想巧妙，大胆夸张，匠心独具，主要有窗花、顶棚花、饽饽花等。1996年，山东美术出版社出版发行了《中国琅琊剪纸集》。如今胶南剪纸已发展成为实用之外的独立艺术门类，被批准为省级非物质文化遗产保护项目。

茂腔

茂腔源于明代中叶的“姑娘腔”、“肘鼓子”，1800年传入胶南县境，民间艺人吸取各地肘鼓之长，揉进当地民间小调“老拐调”，形成了具有地方特色的“本肘鼓”。清咸丰、同治年间，“本肘鼓”又与苏北的“海百调”相结合，形成新唱腔“冒肘鼓”（也叫“茂肘鼓”）。解放后，正式定名为“茂腔”。胶南茂腔既极婉约，犹如京剧之曲韵，有高亢之美。茂腔代表剧目有“四大京”、“八大记”等，胶南茂腔戏《徐福东渡》曾获全国“五个一”精品工程奖。

踩高跷

踩高跷是一种流传很广的技艺舞蹈活动，表演者脚踩木制高跷，在锣鼓唢呐伴奏下，表演秧歌或扇子舞，或扮演戏剧人物形象表演各种舞蹈动作，气氛热烈，颇受群众欢迎。每年正月，很多村组织高跷队演出，锣鼓喧天，彩绸飞舞，热闹非常。

【操作要求】

1．创建站点

（1）创建一个命名为“课堂实践”的静态网站，该网站的所有文件存储在本机上 E 盘的“Practise”文件夹中。

（2）在“文件面板”的站点根目录下创建一个文件夹“00 创建站点”。

（3）在文件夹“00 创建站点”中创建三个子文件夹“image”、“music”和“text”。

（4）在文件夹“00 创建站点”中创建一个命名为“00.html”的网页文档。

（5）将所需的图像文件和音乐文件分别复制到“image”和“music”文件夹中。

2．完成操作

打开“课堂实践”站点文件夹“01 页面控制”下的网页文档“01.html”，然后完成以下各项操作。

（1）首选参数的设置要求。设置启动 Dreamweaver 时显示起始页；设置站点属性“总是显示本地文件于左”；创建网页文档时，设置默认文档为“HTML”文档，设置默认扩展名为“.html”；设置“复制/粘贴”属性：使用“编辑—粘贴”从其他应用程序粘贴到设计视图时，复制“带结构的文本”，不清理 Word 段落间距。

（2）页面属性的设置要求。

外观属性的设置：

“页面字体”采用“默认字体”，“大小”采用“12px”；“背景图像”选用 image 文件夹下的“bj01.jpg”；“左边距”和“右边距”设置为“100px”，“上边距”和“下边距”设置为“20px”。

链接属性的设置要求：

网页中超链接文本默认状态下的字体设置为“宋体”，字体大小设置为“14px”；网页中超链接文本的颜色设置为“blue”，访问过的超链接的颜色设置为“olive”；当光标移动到网页中超链接文字上方时超链接的颜色设置为“maroon”，下画线样式设置为“变换图像时隐藏下画线”；网页中已激活的超链接文本颜色设置为“fuchsia”。

标题属性的设置要求：

设置网页中标题的字体为“隶书”，标题 1 的大小为“18px”，颜色为“aqua”。

“标题/编码”属性的设置要求：

网页的标题设置为“胶南民间艺术”；文档类型设置为“HTML 4.0 Transitional”；编码设置为“简体中文（GB2312）”。

【要点提示】

（1）参数设置在“首选参数”对话框中进行，单击菜单“编辑→首选参数”或者使用 Ctrl + U 快捷键，即可打开“首选参数”对话框。

（2）页面属性设置在“页面属性”对话框中进行，单击菜单“修改→页面属性”或者在“属性面板”中单击“页面属性”按钮都可以打开“页面属性”对话框。

	任务评估细则	学生自评	学习心得
1	认识 Dreamweaver 的工作环境		
2	掌握 Dreamweaver 站点的建立和管理		
3	网页页面属性的设置		
4	课堂实践		

任务二 HTML 语言

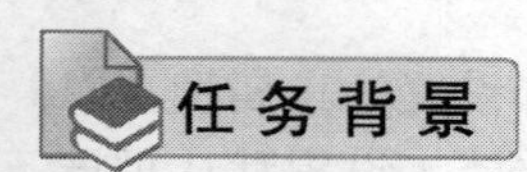

HTML 是学习网页设计的基础内容，也是学习 Dreamweaver 的基础。在 Dreamweaver 中可以使用 HTML 对文件中的文字、字体、段落、图片、表格及超链接，甚至是文件名称进行不同意义的标记来描述。

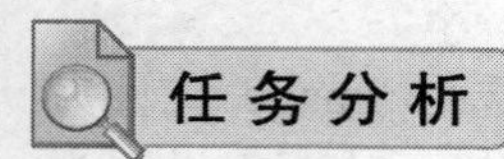

- 掌握 HTML 中的常用标记
- 能够在 Dreamweaver 中熟练利用 HTML 编写简单网页

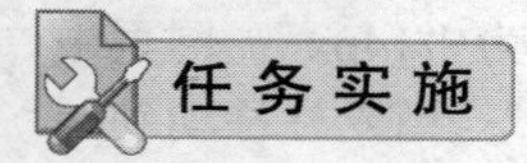

HTML 标记

1. HTML 的基本概念

HTML（Hypertext Marked Language）即超文本标记语言，是一种用来制作超文本文档，描述网页的一种简单标记语言。用 HTML 编写的超文本文档称为 HTML 文档，它能独立于各种操作系统平台。

在 IE 浏览器中执行“查看—源文件”命令，可以查看网页的 HTML 代码。经过多年的完善，HTML 已经发展成为一种成熟通用的标记语言。

2. HTML 的基本语法

标记的语法是：

<标记>　内　容　</标记>

HTML 由一系列元素组成，元素又由标记构成，大多数标记是成对出现的，分为起始标记<>和结尾标记</>。起始标记告诉 Web 浏览器从此处开始执行标记所表示的功能，而结尾标记告诉 Web 浏览器在这里结束该功能。夹在起始标记和终止标记之间的内容受标记的控制。

跟我学 使用 HTML 语言制作“智联招聘”网站

利用 HTML 标记创建一个“智联招聘”网站静态页面，效果如图 2.22 所示。

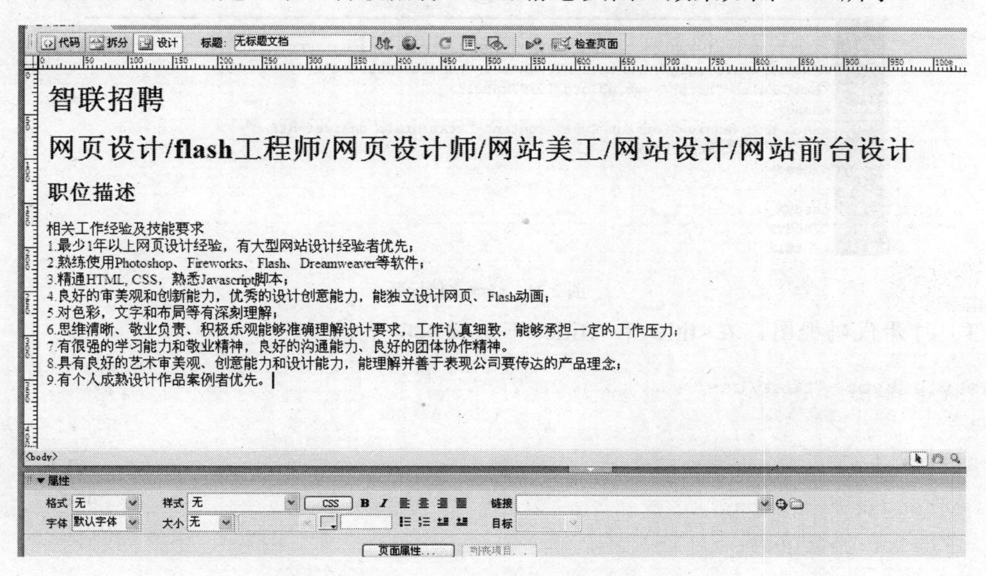

图 2.22 “智联招聘”网站

【制作分析】一个完整的 HTML 文档一般由标题、段落、图像、表格等对象组成。制作 HTML 页面要通过添加背景标记、表格标记、文字标记、字体标记、图像标记等来完成。

【案例小结】虽然可以使用 Dreamweaver 的可视化操作十分便捷地输入文本、插入图像、表格布局，但是当制作复杂或是功能强大的页面时，往往会发现预览的效果与制作的初衷并不相符，而此时在设计视图下往往不容易发现和更正错误。在这种情况下，如果熟悉 HTML，则可以切换到代码视图下进行修改。

事实上，很多具有较高技能的网页设计人员都是利用人工编写代码的方式制作网页的。所以，学好 HTML 不仅是学习网页制作的基础，更是迈向高级网页设计的必经之路。

【操作步骤】

(1) 在本地磁盘 D 中创建“智联招聘”文件夹，新建一个 HTML 文档，命名为“index”，打开该文档，切换到代码视图，如图 2.23 所示。

提示：创建的默认 HTML 文档已经包含了<html></html>、<head></head>、<body></body>等基本标记，接下来可以在其中进行添加和修改标记。

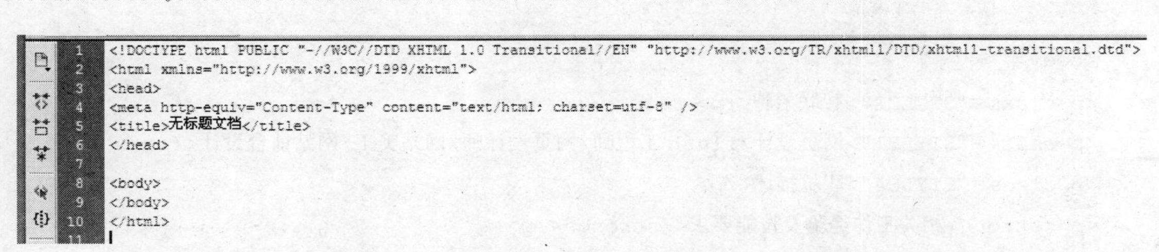

图 2.23 新建 HTML 文档

（2）选中<title></title>中的文本“无标题文档”，将其修改为“智联招聘”，此时网页标题栏内随时变化。如图 2.24 所示。

```
1   <%@LANGUAGE="VBSCRIPT" CODEPAGE="65001"%>
2   <!DOCTYPE html PUBLIC "-//W3C//DTD XHTML 1.0 Transitional//EN"
    "http://www.w3.org/TR/xhtml1/DTD/xhtml1-transitional.dtd">
3   <html xmlns="http://www.w3.org/1999/xhtml">
4   <head>
5   <meta http-equiv="Content-Type" content="text/html; charset=utf-8" />
6   <title>智联招聘</title>
7   </head>
8
9   <body>
10  </body>
11  </html>
```

图 2.24　修改文档标题

（3）打开代码视图，在<title>和</title>下面插入以下代码。

```
<style type="text/css">
<!--
.STYLE1 {
    font-size: 24px;
    color: #0000FF;
    font-weight: bold;
    font-style: italic;
}
.STYLE2 {
    color: #0000FF;
    font-weight: bold;
    font-size: 24px;
}
.STYLE3 {
    font-size: small
}
.STYLE4 {font-size: 18px; color: #0000FF; font-weight: bold; font-style:
italic; }
-->
</style>
</head>

<body>
<p class="STYLE2">智联招聘</p>
<p class="STYLE1">网页设计/flash 工程师/网页设计师/网站美工/网站前台设计</p>
<p class="STYLE4">职位描述</p>
<p><strong>相关工作经验及技能要求</strong></p>
<p class="STYLE3">1.最少 1 年以上网页设计经验，有大型网站设计经验者优先；</p>
```

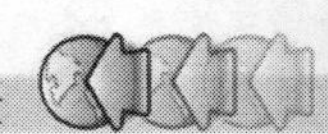

```
<p class="STYLE3">2.熟练使用 photoshop，Fireworks，Flash，Dreamweaver 等软件；
</p>
<p class="STYLE3">3.精通 Html，CSS，熟练 JAVAscrip 脚本；</p>
<p class="STYLE3">4.良好的审美观和创新能力，优秀的设计创意能力，能独立设计网页、
flash 动画；</p>
<p class="STYLE3">5.对色彩文字布局等有深刻理解；</p>
<p class="STYLE3">6.思维清晰、敬业负责。积极乐观能够准确理解设计要求，工作认真细致，
能够承担一定的工作压力；</p>
<p class="STYLE3">7.有很强的学习能力和敬业精神，良好的沟通能力、良好的团体协作精神。
</p>
<p class="STYLE3">8.具有良好的艺术审美观、创意能力和设计能力，能理解并善于表现公司要
传达的产品理念</p>
<p class="STYLE3">9.有个人成熟设计作品案例者优先。</p>
<p class="STYLE3"> </p>
```

（4）浏览该页面，代码显示效果如图 2.22 所示。

成长加油站

HTML 结构

标准的 HTML 文件结构包括头部与主体两部分。其中头部用来描述浏览器所需的信息，而主体包含所要显示的具体内容。

内容描述如下：

<html>　　标记网页的开始

<head>　　标记头部的开始

网页头部信息

</head>　　标记头部的结束

<body>　　标记网页正文开始

网页主体　　正文部分

</body>　　标记正文结束

</html>　　标记该网页的结束

提示 <HTML>的标记在最外层，表示这对标记间的内容是 HTML 文档。也有一些省略<HTML>标记的情况，因为.html 或.htm 文件会被 Web 浏览器默认为是 HTML 文档。<HEAD>之间包括文档的头部信息，如文档标题等，若不需要头部信息则可省略此标记。<BODY>标记一般不省略，用于标示正文内容。

实践演练 珠山秀色掩古刹网页

【效果图】

珠山秀色掩古刹

大珠山峰顶北侧，有一条清秀的山涧，从那汩汩的山泉边猛一抬头，蓦地看到一座寺庙，这就是神奇的石门寺。它有两个与其他寺庙截然不同的特点，第一，山门向东而建，一反坐北向南的寺庙格局。第二个特征，它是佛、道共栖的寺院，这在全国可说是凤毛麟角。道教是中国本土宗教，创建于东汉，而佛教则是传入中国的“舶来品”，时间上也稍晚一些。在石门寺，道佛两家并存共济相安无事，我想，这不仅是宗教界的楷模，也是芸芸众生的楷模，是我们凡夫俗子的榜样。

【操作要求】

（1）打开“课堂实践”网站文件夹“2HTML 语言”中的网页文档“2.html”，切换到代码视图观察代码。

（2）在第 1 行中添加标题，第 2 行中添加一段文字。保存网页，切换到代码视图观察代码变化。

（3）设置第 1 行的标题居中显示，颜色为“#FF0000”；设置第 2 行的文字颜色为“#0000FF”，字体为“宋体”；分析代码变化。

拓展应用

掌握 HTML 的常用标记，参考“我的第一个网页”的制作步骤，并制作具有跑马球灯效果的页面。(可让网页里的文字从左到右、从上到下各试一次)。

【参考步骤】我的第一个网页

利用 HTML 标记创建“我的第一个网页”，效果如图 2.25 所示。

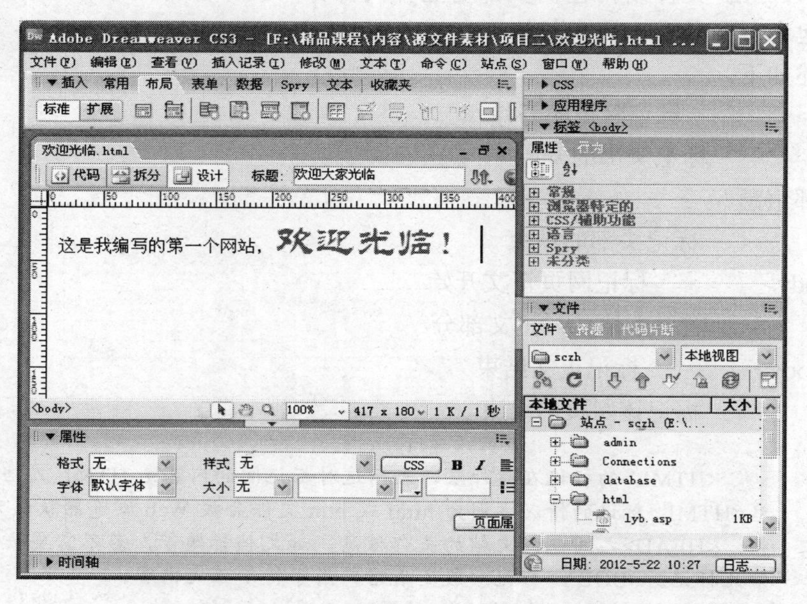

图 2.25 “我的第一个网页”

【操作步骤】

（1）打开 Dreamweaver 后建好站点，然后单击代码（图）选项后在里面插入下面的代码（图）。

```
<html >
<head>
<meta http-equiv="Content-Type" content="text/html; charset=utf-8" />
<title>欢迎大家光临</title>
<style type="text/css">
<!--
.STYLE3 {
    font-size: 36px;
    font-family: "华文隶书";
    color: #FF0033;
}
-->
</style>
</head>

<body>
这是我编写的第一个网站，<span class = "STYLE3">欢迎光临！</span>
</body>

</html>
```

（2）执行“文件—保存”命令，将文件名改为 index.html，注意不许加上拓展名.htm 或 html，然后按 F12 功能键。

任务评估细则		学生自评	学习心得
1	掌握 HTML 中的常用标记		
2	能够在 Dreamweaver 中熟练利用 HTML 编写简单网页		
3	课堂实践		

任务三 文本操作

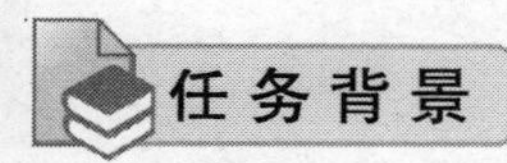

网页上的信息大多都是通过文字来表达的，文字是网页的主体和构成网页最基本的元素，它具有准确快捷地传递信息、储存空间小、易复制、易保存、易打印等优点，很难被其

他元素所取代。制作网页时，文本的输入与编辑占了该工作的很大部分。

本任务主要学习文本的各项操作。通过编辑网页文本，对网页文本进行格式化处理，使网页内容更加丰富、网页布局更加美观。

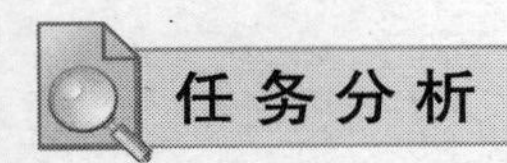

任务分析

- 在网页中输入与编辑文本
- 在网页中添加与编辑列表

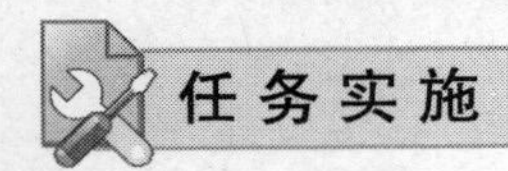

任务实施

一、在网页中输入与编辑文本

跟我学　**“智联招聘网站编辑岗位”文本的输入**

利用 Dreamweaver 创建一个“智联招聘网站编辑岗位”的静态页面，效果如图 2.26 所示。

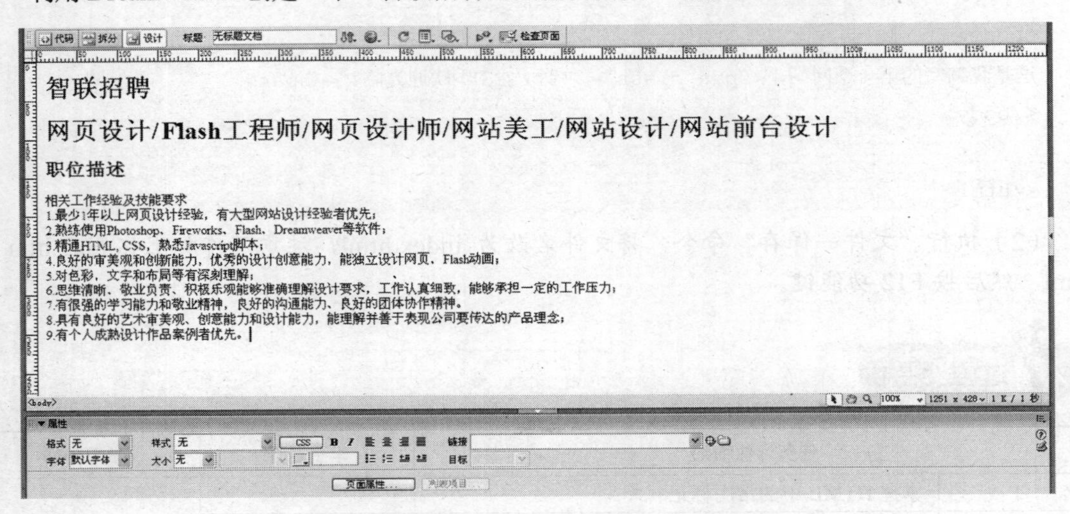

图 2.26　“智联招聘”页面

【操作步骤】

1. 输入文本

（1）新建或打开网页，将插入点定位到要插入文本的位置。

（2）直接输入文本。

2. 输入空格

如果要在文本中输入空格，可采用以下方法。

方法一：按 Ctrl + Shift + Space 组合键；

方法二：将中文输入法切换到全角模式，按空格键。

3. 建立段落或换行

在输入文字时，若一行长度超过屏幕的显示范围，将自动换行，不须另外使用其他按键换行。若要将文本进行段落排列，方法如下：

建立段落：按下“Enter”键，插入一个段落标记<p>，两行之间有段间距。

强制换行：按 Shift + Enter 组合键，插入一个换行符
，两行之间无段间距。

4. 对文本进行格式化

格式化文本的基本方法：选择要设置格式的文本，通过“属性”面板进行设置。

如果“属性”面板未打开，执行“窗口—属性”命令，打开“属性”面板，如图 2.27 所示。

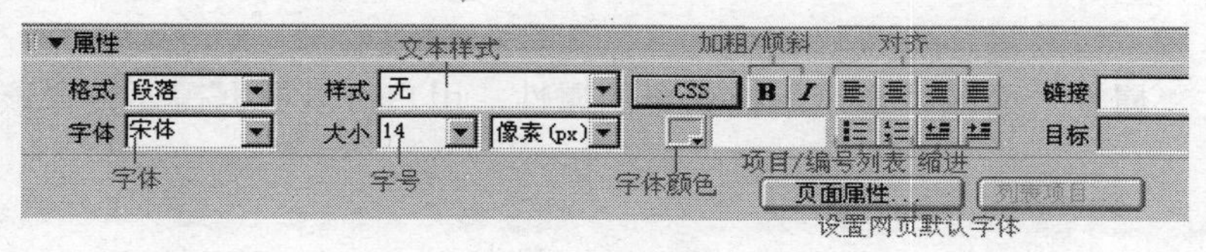

图 2.27　“属性”面板

（1）设置文本字体，执行以下操作步骤。

① 选取要设置字体的文本，如果没有文本被选取，这种改变会应用到以后输入的文本上。

② 单击“字体框”打开字体下拉菜单，单击选取所需的字体。

（2）设置文字大小。

① 选取要设置的文本，如果没有文本被选取，这种改变会应用到以后输入的文本上。

② 单击“大小”打开字号下拉菜单，单击选取所需的字号。

网页中的字号是数字越大即字越大，正好与 Word 的设置相反。

（3）设置文本颜色。

① 选取文本。

② 单击“属性”面板上的“文本颜色”框，从浏览器安全色色板上选择一种颜色，如图 2.28 所示。

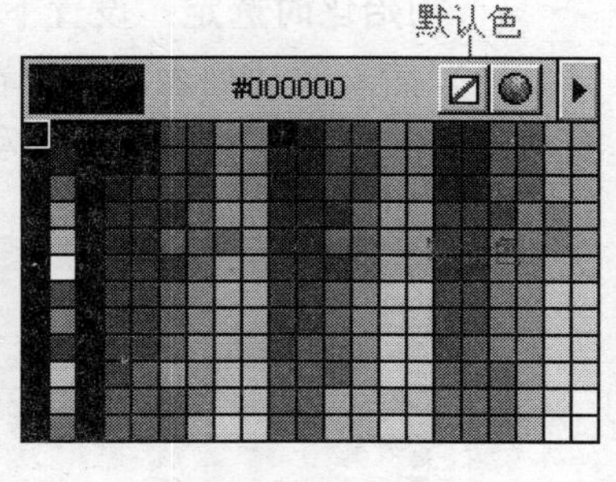

图 2.28　文本颜色

（4）设置文本加粗或倾斜。

① 选取文本。

② 单击“属性”面板上的“粗体 B”按钮或“倾斜 I”按钮。

（5）对齐文本。

① 选择想要进行对齐的文本或是把光标置于文本的开始处。

② 单击“属性”面板上的一个对齐选项（左对齐、居中对齐、右对齐或两端对齐）。

二、在网页中添加与编辑列表

1. 创建列表和菜单

（1）插入下拉菜单。若要在表单域中插入下拉菜单，先将光标放在表单轮廓内需要插入菜单的位置，然后插入下拉菜单，如图 2.29 所示。

图 2.29　下拉菜单

在“属性”面板中显示下拉菜单的属性，用户可以根据需要设置该下拉菜单。如图 2.30 所示。

图 2.30　列表/菜单属性面板

下拉菜单“属性”面板中各选项的作用如下。

- **列表/菜单**：用于输入下拉菜单的名称。每个下拉菜单的名称都必须是唯一的。
- **类型**：设置菜单的类型。若添加下拉菜单，则单击“菜单”单选按钮；若添加可滚动列表，则单击“列表”单选按钮。
- **“列表值”按钮**：单击此按钮，弹出“列表值”对话框（见图 2.31），在该对话框中单击+按钮或-按钮向下拉菜单中添加或删除列表项。菜单项在列表中出现的顺序与在“列表值”对话框中出现的顺序一致。在浏览器载入页面时，列表中的第一个选项是默认选项。
- **初始化时选定**：设置下拉菜单中默认选项的菜单项。

（2）插入滚动列表。若要在表单域中插入滚动列表，先将光标放在表单轮廓内需要插入滚动列表的位置，然后插入滚动列表，如图 2.32 所示。

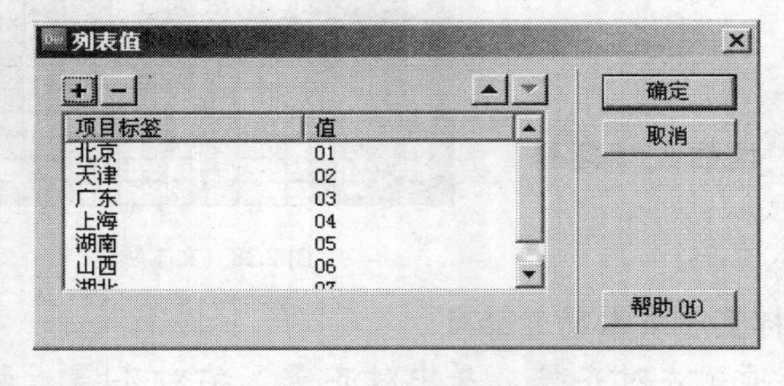

图 2.31　“列表值”对话框

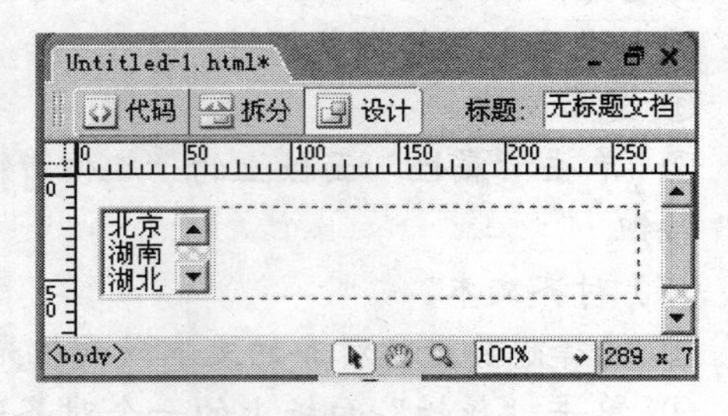

图 2.32　滚动列表

2．从其他应用程序中复制文本

从其他应用程序或窗口复制文本后粘贴到网页中，执行以下操作步骤。

（1）在其他应用程序中选择并复制文本。

（2）切换到 Dreamweaver 的“设计”视图中，将插入点定位在网页中要插入文本的位置，执行“编辑—选择性粘贴”命令，出现“选择性粘贴”对话框，如图 2.33 所示。

（3）选择所需要的粘贴设置选项。

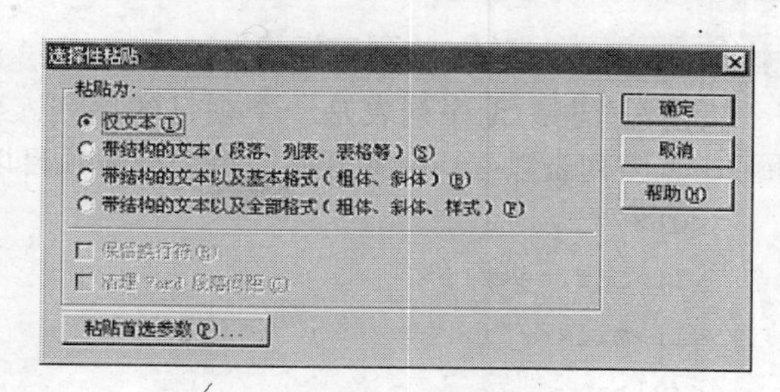

图 2.33　“选择性粘贴”对话框

- **仅文本**：原文本中的所有格式、表格、段落等将被删除，仅粘贴纯文本。
- **带结构的文本（段落、列表和表格等）**：粘贴文本并保留基本格式设置（例如段落、列表和表格）。
- **带结构的文本以及基本格式（粗体、斜体）**：粘贴带段落和表格结构以及带简单格式（例如加粗、倾斜、下画线等）的文本。
- **带结构的文本以及全部格式（粗体、斜体、样式）**：粘贴文本并保留所有结构、HTML 格式设置和 CSS 样式。

提示　可以通过设置“粘贴首选参数”，将需要的粘贴选项设置为默认选项。以后再从其他应用程序中复制文本时，可以直接执行“编辑—粘贴”命令。

3．将 Word 或 Excel 文档导入网页

将 Word 或 Excel 文档导入网页中，执行以下操作步骤。

（1）打开要插入的 Word 或 Excel 文档的网页，确保处于“设计”视图中。如果不是，单击“设计”视图按钮。在 Dreamweaver 的“设计”视图中，将插入点定位在网页中要插入文本的位置。

（2）选择菜单“文件”→“导入”→“word 文档”→“文件”→“导入”→“Excel 文档”，出现“导入文档”对话框，如图 2.34 所示。

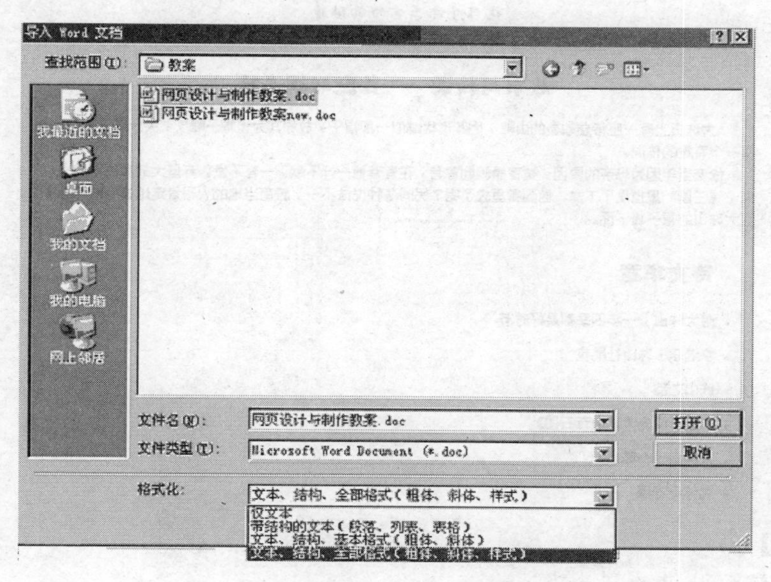

图 2.34　“导入 Word 文档”对话框

（3）在“导入文档”对话框中，浏览并选择要导入的文件。

（4）在对话框底部的“格式化”框中选择要导入的格式。

代码解读 HTML 的列表标记

无序列表：无序列表是一个项目的序列。各项目前加有标记（通常是黑色的实心小圆圈），无序列表以<ul>标签开始，每个列表项目以<li>开始。

```
<ul>
<li>Coffee</li>
<li>Milk</li>
</ul>
```

有序列表：有序列表也是一个项目的序列，各项目前加有数字作标记。

```
<ol>
<li>Coffee</li>
<li>Milk</li>
</ol>
```

大珠山·小珠山网页

【效果图】

大珠山●小珠山

水云边，仙女找到了林子
却没有带走
因为她已经属于大海
在这一片宁静的大地上
化作了亦真亦幻的仙境
演绎了一个个山海故事

故事与传说——徐庶与帽子峰

大珠山上有一座特立独显的山峰，因其形状酷似一顶帽子，故称其为“帽子峰”，关于帽子峰，当地有一个有趣的传说。

徐庶当年因为母亲的原因，被曹操骗到曹营，在曹营他一计不献，一言不发。赤壁大战后便不知去向，《三国》里也没了下文。他到哪里去了呢？民间各种说法不一，胶南当地的人很肯定地说，徐庶隐居在大珠山的帽子峰下面。

诗文华章

- 游大珠山，一年四季都是好时节
- 永遇乐·珠山杜鹃花
- 珠山之韵
- 《题董晓先大珠山奇石图》
- 大珠山·小珠山
- 大珠山古迹

【操作要求】

1. 输入文本

建立“课堂实践”站点文件夹，在站点文件夹下再建立“02 文本操作”文件夹，创建网页文档“02.html”，然后完成以下各项操作。输入标题“大珠山· 小珠山”，然后输入正

文内容。这些文字内容存储在文字素材文件夹中。

2．插入一条“水平线”和日期、日期格式

3．设置“诗文华章”为列表格式

4．设置文本格式

（1）将网页 02.html 中标题“大珠山• 小珠山”格式设置为“标题 1”，字体设置为“隶书”，大小设置为“36”，文字颜色设置为“red”，且要求水平居中。

（2）将网页中标题以下的正文，字体设置为“华文行楷”，大小设置为“20”。

（3）插入的日期字体设置为“楷体_GB2321”，大小设置为“16”，文字颜色设置为“#FF6600”，且要求水平居中。

（4）其他文本自由设置。

【操作提示】

（1）插入水平线和日期利用插入工具栏或者插入菜单完成。

（2）设置文本格式利用“属性”面板完成。

过程评价

任务评估细则		学生自评	学习心得
1	在网页中输入文本		
2	在网页中添加与编辑文本		
3	课堂实践		

任务四 图像操作

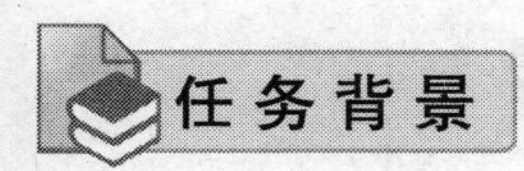

任务背景

图像在网页中起着非常重要的作用，图像、按钮、标记可以使网页更加美观、形象生动，使网页中的内容更加丰富多彩。

所谓“媒体”是指信息的载体，包括文字、图像、动画、音频、视频等。在 Dreamweaver CS3 中，用户可以方便快捷地向 Web 站点添加声音和影片媒体，并可以导入和编辑多个媒体文件。

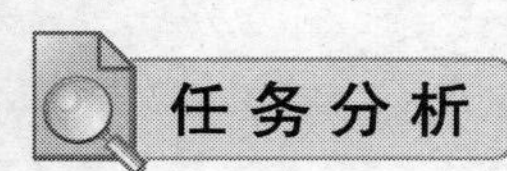

任务分析

- 在网页中插入和编辑图像
- 掌握交换图像的设置
- 掌握图像导航条的设置

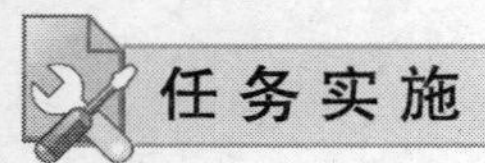

一、在网页中插入和编辑图像

跟我学 在动漫网站页面中插入图像

利用 Dreamweaver 创建一个“风易在线动漫”的静态页面，效果如图 2.35 所示。

图 2.35 “风易在线动漫”的静态页面

【操作步骤】

要在 Dreamweaver 文档中插入图像必须位于文件夹内或远程站点文件夹内，否则图像不能正常显示。因此要先创建一个站点，并在站点中创建名叫“image”的文件夹，将所需要的图像复制到其中。

在网页中插入图像的具体步骤如下：

（1）在文档窗口中，将插入点放置在要插入图像的位置。

（2）单击“插入记录/图像”命令，打开“选择图像源文件”对话框，如图 2.36 所示。

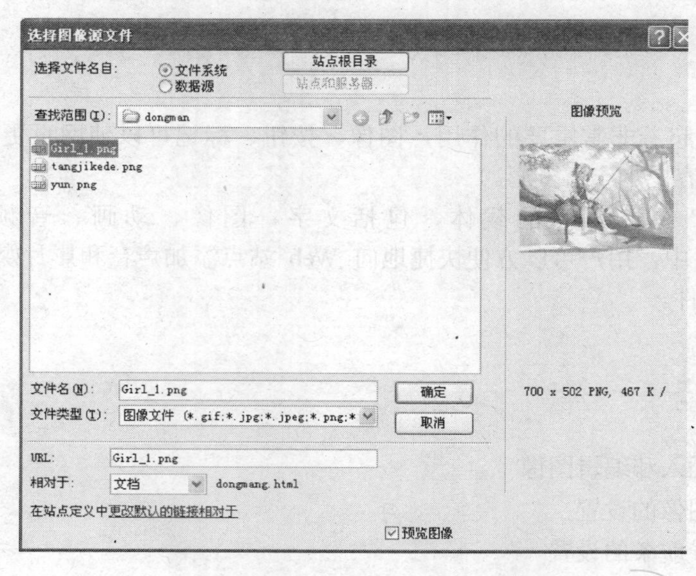

图 2.36 “选择图像源文件”对话框

（3）在对话框中选择图像文件，单击“确定”按钮完成设置，并根据需要调整图片的大小，如图 2.37 所示。

图 2.37　插入的图片

（4）用同样的方法，可以插入如图 2.35 所示的效果图。

二、设置交换图像

“交换图像”动作通过更改<img>标签的 scr 属性将一个图像和另一个图像进行交换。“交换图像”动作主要用于创建光标经过时产生动态变化的按钮。

【操作步骤】

（1）在文档窗口中，将插入点放置在要插入图像的位置。

（2）单击“插入记录/图像对象/鼠标经过图像”命令，打开“插入鼠标经过图像”对话框，如图 2.38 所示。

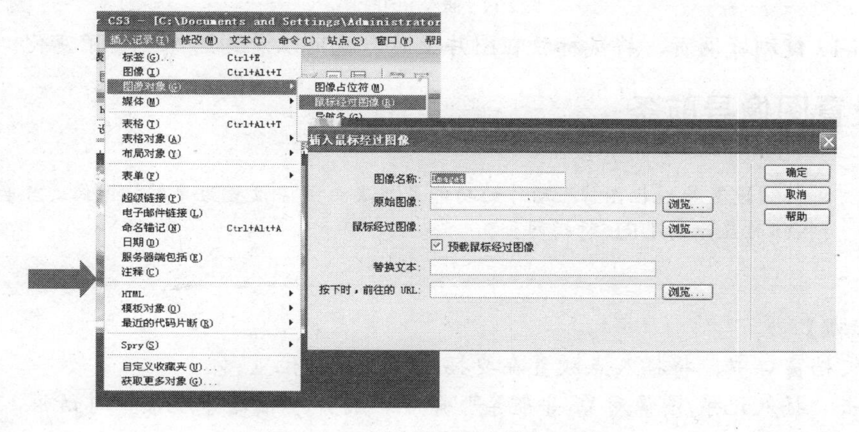

图 2.38　“插入鼠标经过图像”对话框

（3）在原始图像和鼠标经过图像中各插入一幅图片，单击“确定”按钮即可，如图 2.39 所示。

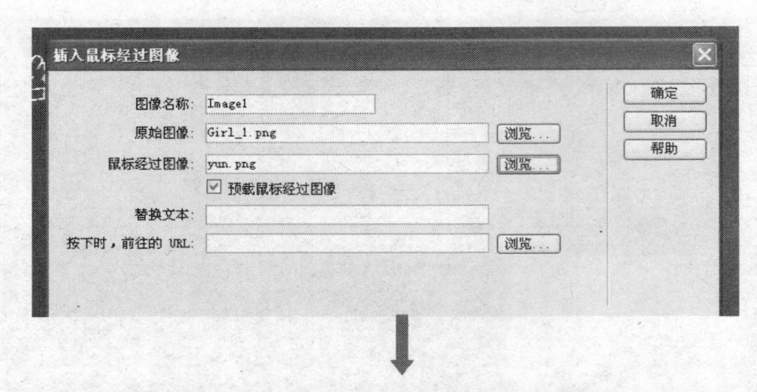

图 2.39　插入后的图像

（4）按 F12 键浏览网页，将鼠标放在图片上时，就可以看到图像发生了变化。

三、设置图像导航条

“设置导航栏图像”动作的功能是将某个图像设置为导航栏图像，当单击导航栏按钮时显示的 URL 所指网页。

【操作步骤】

（1）在文档窗口中，将插入点放置在要插入导航栏的位置。

（2）单击“插入记录/图像对象/导航条”命令，打开“插入导航条”对话框，如图 2.40 所示。

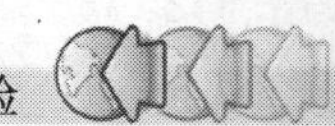

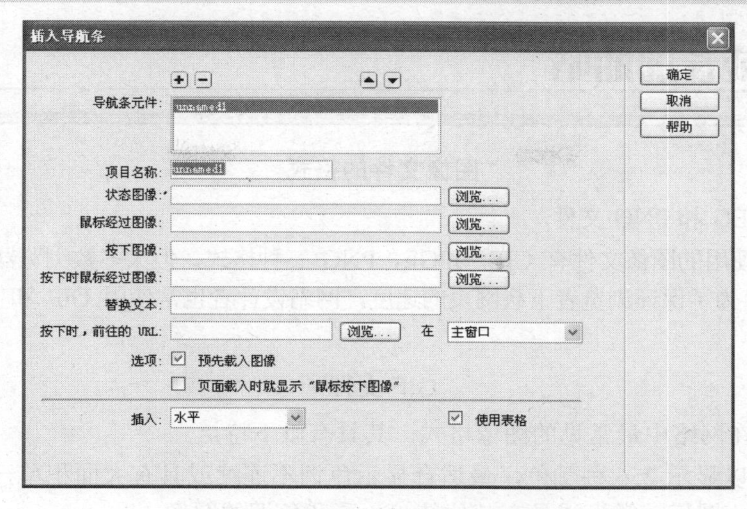

图 2.40　“插入导航条”对话框

（3）在对话框中，设置如图 2.41 所示的内容即可，其他的内容可根据具体情况进行设置。

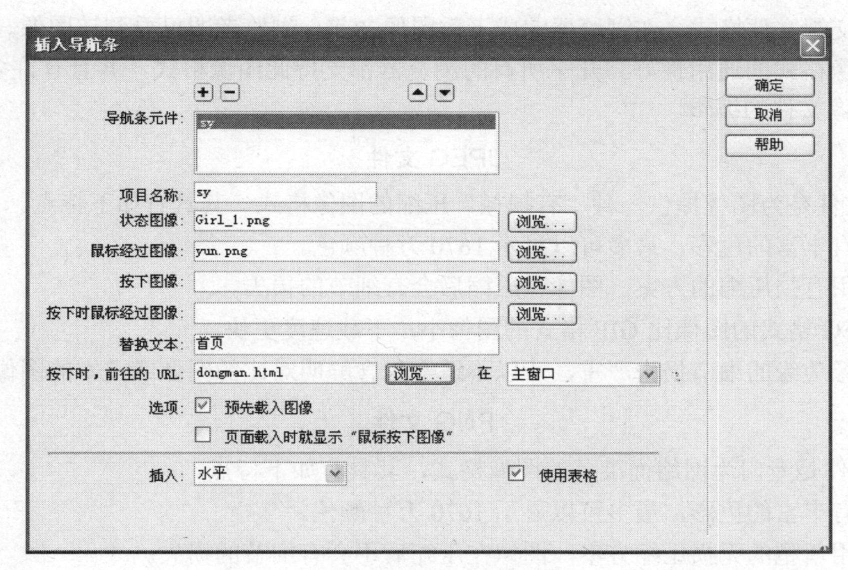

图 2.41　导航条对话框设置

（4）单击“确定”按钮后，修改大小如图 2.42 所示，可在导航条中插入多项。

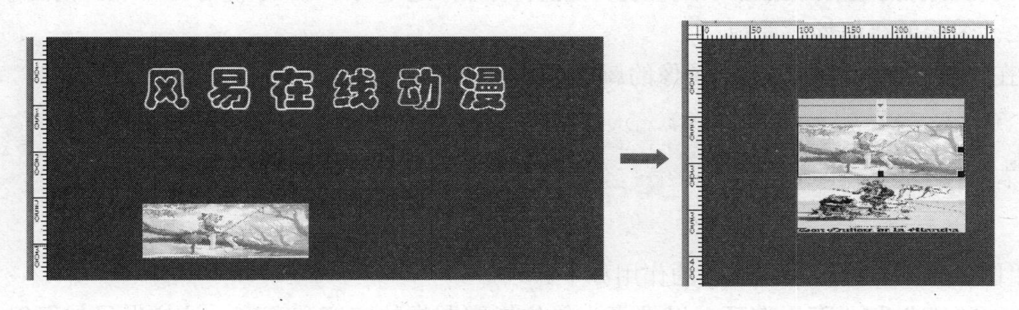

图 2.42　导航条

成长加油站

图像文件的格式

1．GIF，JPEG 和 PNG 文件

网页中通常使用的图像文件有 GIF，JPGE，PNG 三种格式，但大多数浏览器只支持 GIF 和 JPEG 两种格式。为了保证浏览者下载网页的速度，网站设计者也常使用 GIF 和 JPEG 这两种压缩格式的图像。

GIF 文件

GIF 文件是在网络中最常见的图像格式，其具有以下特点。

（1）最多可以显示 256 种颜色，最适合显示色调不连续或具有大面积单一颜色的图像，如导航条、按钮、图标、徽标或具有其他统一色彩和色调的图像。

（2）使用无损压缩方案，图像在压缩后不会有细节的损失。

（3）支持透明的背景，可以创建带有透明区域的图像。

（4）是交织文件格式，在浏览器完成下载图像之前，浏览者即可看到该图像。

（5）图像格式的通用性好，几乎所有的浏览器都支持此图像格式，并且有许多免费软件支持 GIF 图像文件的编辑。

JPEG 文件

JPEG 文件是为图像提供一种“有损耗”压缩的图像格式，其具有如下特点。

（1）具有丰富的色彩，最多可以显示 1670 万种颜色。

（2）使用有损压缩的方案，图像在压缩后会有细节的损失。

（3）JPEG 格式的图像比 GIF 格式的图像小，下载速度更快。

（4）图像边缘的细节损失严重，所以不适合包含鲜明对比的图像或文本的图像。

PNG 文件

PNG 文件是专门为网络而准备的图像格式，其具有如下特点。

（1）具有丰富的色彩，最多可以显示 1670 万种颜色。

（2）使用新型的无损压缩方案，图像在压缩后不会有细节的损失。

（3）图像格式的通用性差，IE4.0 或更高版本和 Netscape4.04 或更高版本的浏览器都只能部分支持 PNG 图像的显示。因此，只有在为特定的目标用户进行设计时，才使用 PNG 格式的图像。

2．图像的“属性”面板

在“属性”面板中显示出图像的属性，如图 2.43 所示。下面介绍各选项的含义。

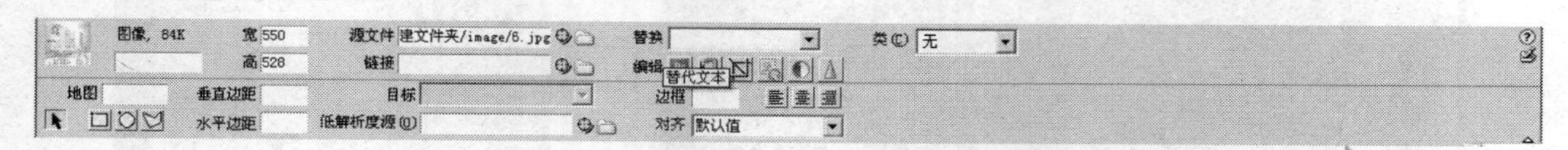

图 2.43　图像的属性

“图像属性”面板中各选项的作用如下。

- **“宽”和“高”选项**：以像素为单位指定图像的宽度和高度。这样做虽然可以缩放

图像的显示大小，但不会缩短下载时间。

- **源文件**：指定图像的源文件。
- **链接**：指定单击图像时显示的网页文件。
- **替换**：指定文本，在浏览设置为手动下载图像前，用它来替换图像的显示。在某些浏览器中，当光标划过图像时也会显示替代文本。
- **“编辑”按钮**：启动 Photoshop CS3 软件，并在其中弹出选定的图像。
- **“优化”按钮**：启动指定的图像编辑器如 Photoshop CS3，并在其中弹出选定的图像。
- **“裁剪”按钮**：修剪图像的大小。
- **“重新取样”按钮**：对已调整过大小的图像进行重新取样，以提高图像在新的大小和形状下的品质。
- **“亮度和对比度”按钮**：调整图像的亮度和对比度。
- **“锐化”按钮**：调整图像的清晰度。
- **地图和指针热点工具**：用于设置图像的热点链接。
- **垂直边距和水平边距**：指定沿图像边缘添加的边距。
- **目标**：指定链接页面应该在其中载入的框架或窗口。
- **低解析度源**：为了节省浏览者浏览网页的时间，可通过此选项指定在载入主图像之前可快速载入的低品质图像。
- **边框**：指定图像边框的宽度，默认无边框。
- **对齐**：指定同一行上的图像和文本的对齐方式。

美图胶南网页

效果图如图 2.44 所示。

图 2.44 效果图

【操作要求】

建立“课堂实践”站点文件夹，在站点文件夹下再建立“03 图像操作”文件夹，创建网页文档“03.html”，然后在网页中插入四幅图像，具体操作要求如下。

（1）第一幅与第二幅插入的是普通图像，源文件分别为“1.jpg”和“2.jpg”，“替换文本”分别为“大珠山春色”和“夏日大珠山”。

（2）第三幅插入的是“鼠标经过图像”，“原始图像”的源文件为“3.gif”，“鼠标经过图像”的源文件为“4.gif”，“替换文本”为“冬日大珠山”，“链接”为“03.html”。

（3）第四幅插入的是“导航条”的图像按钮，该图像按钮的项目名称为“button1”，“状态图像”的源文件为“5.jpg”，“鼠标经过图像”的源文件为“6.gif”，“按下图像”的源文件为“7.gif”，“按下时鼠标经过图像”的源文件为“8.gif”，“替换文本”为“吊桥”，“链接”为“03.html”。

（4）所有图像的“宽度”和“高度”分别为“260”和“170”，“水平边距”都为“10”，边框都为“2”，“对齐”都为“默认值”。

【操作提示】

（1）所需的图像文件位于文件夹“images”中。

（2）插入普通图像直接单击“常用”插入工具栏中的“图像”按钮，弹出“选择图像源文件”对话框，在该对话框中选择所需的图像文件，单击“确定”按钮即可。

（3）插入“鼠标经过图像”时，必须在“插入鼠标经过图像”对话框中设置相应的参数，然后单击“确定”按钮即可。

（4）插入“导航条”时，必须在“插入导航条”对话框中设置相应的参数，然后单击“确定”按钮即可。

（5）将图像插入到网页后，可以通过“图像属性面板”设置所插入图像的“宽度”、“高度”、“水平边距”、“边框”、“对齐”等属性。

过程评价

任务评估细则		学生自评	学习心得
1	在网页中插入与编辑图像		
2	设置交换图像		
3	设置图像导航条		
4	课堂实践		

通过本项目的学习，用户对使用 Dreamweaver 制作网站有了一个基本认识。本章重点学习了四方面的内容：一是对 Dreamweaver 软件有了一个准确的认识；二是制作网站要从创建一个站点开始，讲述了站点的创建和管理；三是利用 HTML 编写简单网页；四是在网页中的简单文本操作和图像操作，为后续网页制作与调试打下坚实的基础。

项目活动三

表格布局

项目活动描述

表格布局是网页设计中最常用的技术之一。利用表格来组织网页内容，可以设计出布局合理、结构协调、美观匀称的网页。

本项目以“咖啡专卖网页”为例，从表格的插入、属性的设置、行列以及单元格的插入、删除等基本操作入手到表格美化页面，一步一步做出令人满意的网页。

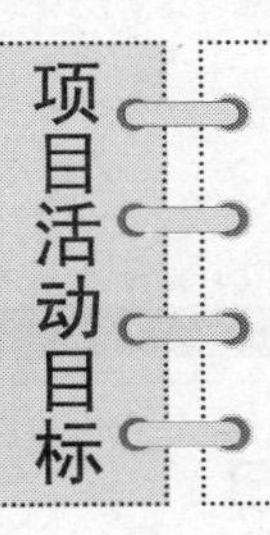

项目活动目标

- 学会在网页中插入表格和对表格进行基本的操作：行列的添加和删除、属性的设置等。
- 学会利用表格装饰页面，并对页面进行排版和布局。

任务一 表格的基本操作

任务背景

“工欲善其事，必先利其器”，要想在网页中能够灵活合理地利用表格布局网页，必须先了解和学会表格的插入方法及关于表格的基本操作，一起来进行吧！

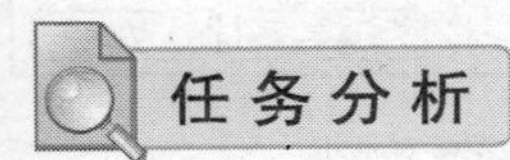

任务分析

- 掌握表格的插入方法
- 学会表格的基本操作

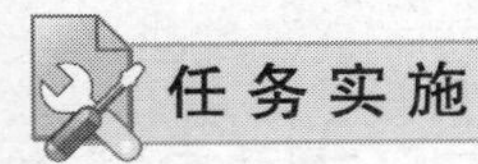

任务实施

为“咖啡专卖网站”制作导航条

利用表格为“咖啡专卖网站”制作一个导航条的页面，效果如图 3.1 所示。

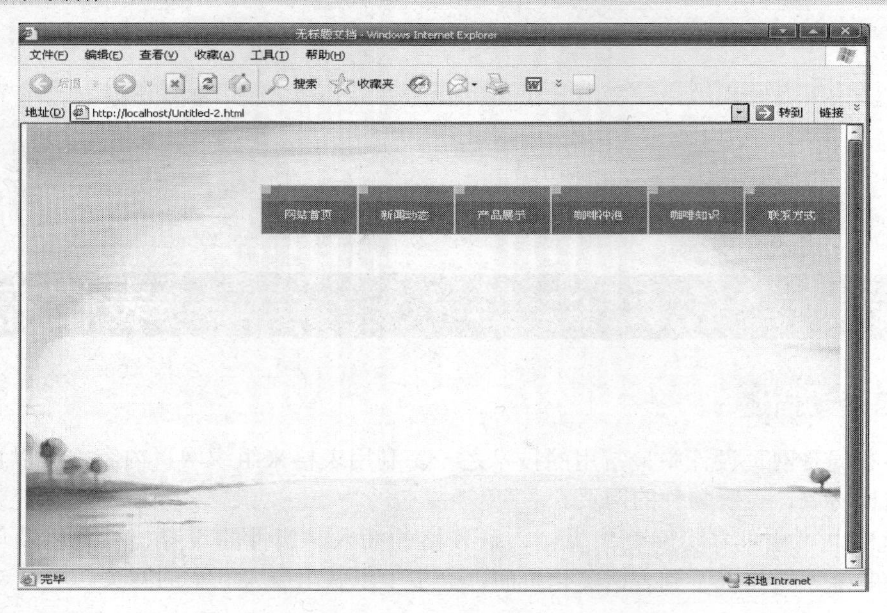

图 3.1 导航条页面

跟我学

【操作步骤】

插入 1 行 6 列表格，宽度为 570 像素；插入背景图像文件，输入文字，制作导航条效果。

（1）在空白页面中插入 1 行 1 列的表格，将光标放在表格中，单击“属性”面板中“背景图像”选择右侧的“浏览文件”按钮，弹出“选择图像源文件”对话框，找到要插入的图片，单击“确定”按钮。

（2）在“插入”面板的“常用”选项卡中单击“表格”按钮，在弹出的“表格”对话框中进行设置，如图 3.2 所示。

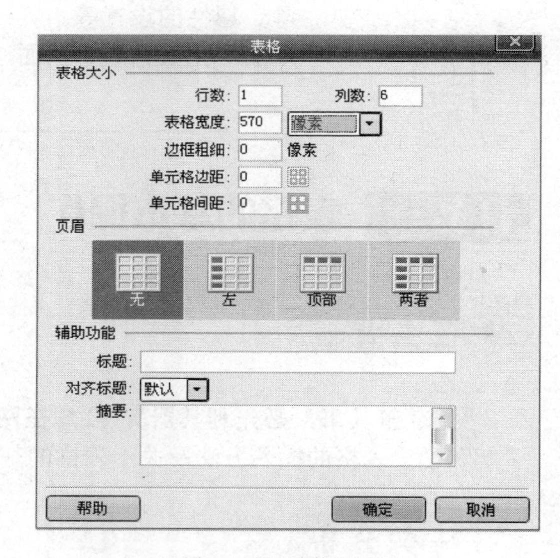

图 3.2 插入表格对话框

（3）在表格中插入文字，将光标放在单元格内，表格效果如图 3.3 所示。

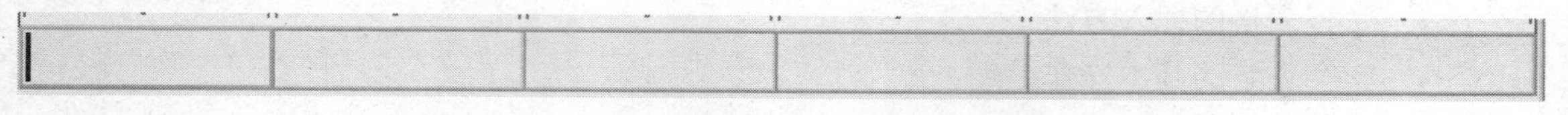

图 3.3 表格中插入文字

（4）分别在每个单元格中输入文字，制作导航条效果，将光标插入文字“网站首页”的前面，按住 Shift + Enter 组合键将文字插入下一段落，用相同的方法对其他文字进行操作，效果如图 3.4 所示。

网站首页	新闻动态	产品展示	咖啡冲泡	咖啡知识	联系方式

图 3.4　单元格中输入文字

（5）选中导航条表格，按方向键的向左键，将光标置于表格的左侧，按两次 Enter 键，改变表格的位置，效果如图 3.5 所示。

网站首页	新闻动态	产品展示	咖啡冲泡	咖啡知识	联系方式

图 3.5　改变表格的位置

（6）保存文档，按 F12 键预览效果。

成长加油站

表格的基本操作

1. 单击插入工具栏/常用/“插入表格”按钮或者选择 Ctrl + Alt + T 快捷键

2. 选取表格元素

（1）选取整个表格。

第一种方法：通过标签选择器 <table>。

第二种方法：光标定位在单元格内，按两次 Ctrl + A 快捷键。

（2）选取行/列。光标定位在行左边缘/列上边缘，单击或通过标签选择器<tr>。

（3）选取单元格。

选取单个单元格的方法：光标定位在单元格中，按 Ctrl + A 快捷键或通过标签选择器 <td>。

选取多个单元格的方法：

① 选取多个连续单元格的方法：Shift + 鼠标单击或直接用鼠标在单元格中拖动。

② 选取多个不连续单元格的方法：Ctrl + 鼠标单击。

3. 插入行/列

（1）插入一行：修改/表格/插入行或最后单元格按下 Tab。

（2）插入一列：修改/表格/插入列。

（3）插入多行（多列）：修改/表格/插入行或列。

4. 删除行/列

选中行/列，进行如下菜单操作：修改/表格/删除行（删除列）；或者选中后按 Delete 键。

5. 单元格的合并与拆分

（1）合并：选中连续单元格，进行如下菜单操作：修改/表格/合并单元格，或者选择属性检查器“合并单元格”按钮。

（2）拆分：光标定位在要进行拆分的单元格中，进行如下菜单操作：修改/表格/拆分单元格或者单击属性检查器“拆分单元格”按钮。

代码解读

```
<table width="175" border="1">
  <tr>
    <th>爱是你我</th>
    <th>高原红</th>
  </tr>
  <tr>
    <td>祝福</td>
    <td>高原蓝</td>
  </tr>
</table>
```

爱是你我	高原红
祝福	高原蓝

过程评价

任务评估细则		学生自评	学习心得
1	插入表格的方法		
2	表格的基本操作		
3	对所学知识应用在案例中的情况		
4	课堂实践		

任务二 表格属性的设置

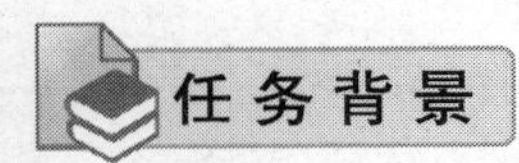

任务背景

学会了在网页中插入表格和对表格进行基本操作：选取表格、行、列及指定单元格，插入行、列，删除行、列和合并及拆分单元格等，下面就要了解和学会设置单元格属性。只有这样才能装饰表格和布局网页，才能在网页制作的道路上一帆风顺，一起来进行吧！

任务分析

- 设置表格属性的方法
- 学会常用的装饰表格的方法

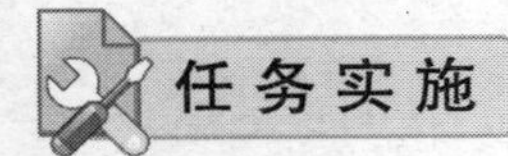

任务实施

跟我学 使用表格布局网页

在页面中插入 1 行 6 列表格，宽度为 570 像素；插入背景图像文件，输入文字。

【操作步骤】

（1）在“插入”面板的“常用”选项卡中单击“表格”按钮，在弹出的“表格”对话框中进行设置，如图 3.6 所示。

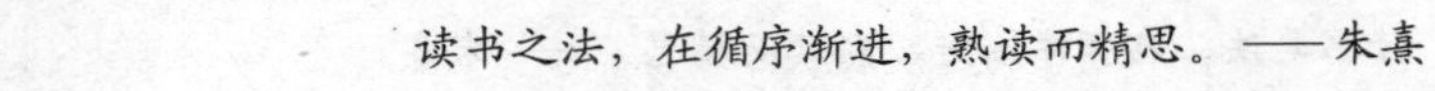

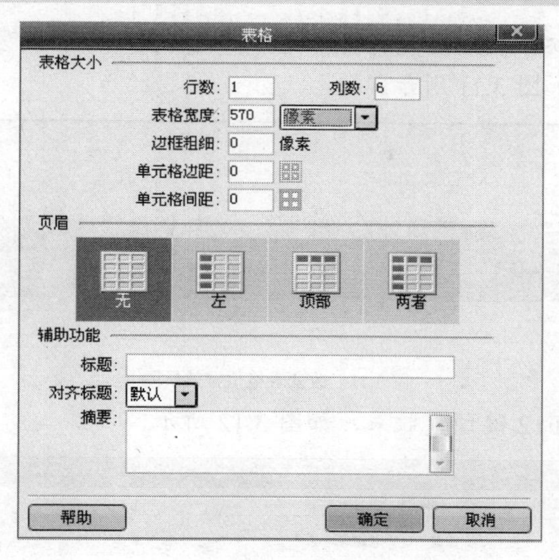

图 3.6　表格对话框

单击“确定”按钮，保持表格的选取状态，在“属性”面板的“对齐”下拉列表中选择“右对齐”选项，表格效果如图 3.7 所示。

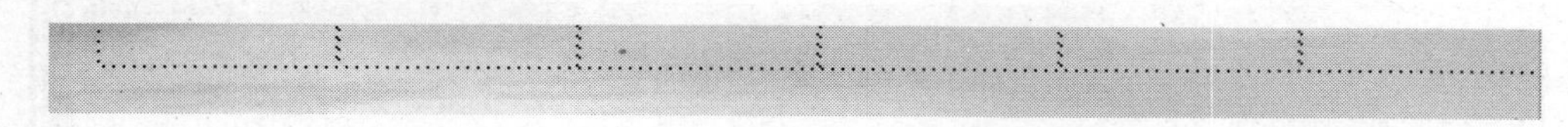

图 3.7　表格右对齐效果图

（2）单击表格的第一列单元格，按住 Shift 键的同时，单击表格的最后 1 列表格，将表格的单元格全部选中，在“属性”面板中进行设置，如图 3.8 所示。

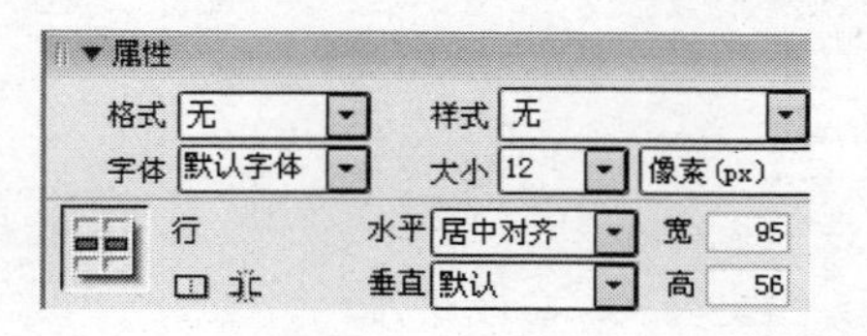

图 3.8　表格“属性”面板

单击“属性”面板中“背景图像”选择右侧的“浏览文件”按钮，弹出“选择图像源文件”对话框，找到要插入的图片，单击“确定”按钮。表格效果如图 3.9 所示。

图 3.9　插入背景图像效果图

（3）分别在每个单元格中输入文字，制作导航条效果。将光标插入文字“网站首页”的前面，按住 Shift + Enter 组合键将文字插入下一段落，用相同的方法对其他文字进行操作，效果如图 3.10 所示。

图 3.10　输入文字效果

读书之法，在循序渐进，熟读而精思。——朱熹

（4）选中导航条表格，按方向键的向左键，将光标置于表格的左侧，按两次 Enter 键，改变表格的位置，效果如图 3.11 所示。

图 3.11　改变表格位置效果图

（5）保存文档，按 F12 键预览效果，如图 3.12 所示。

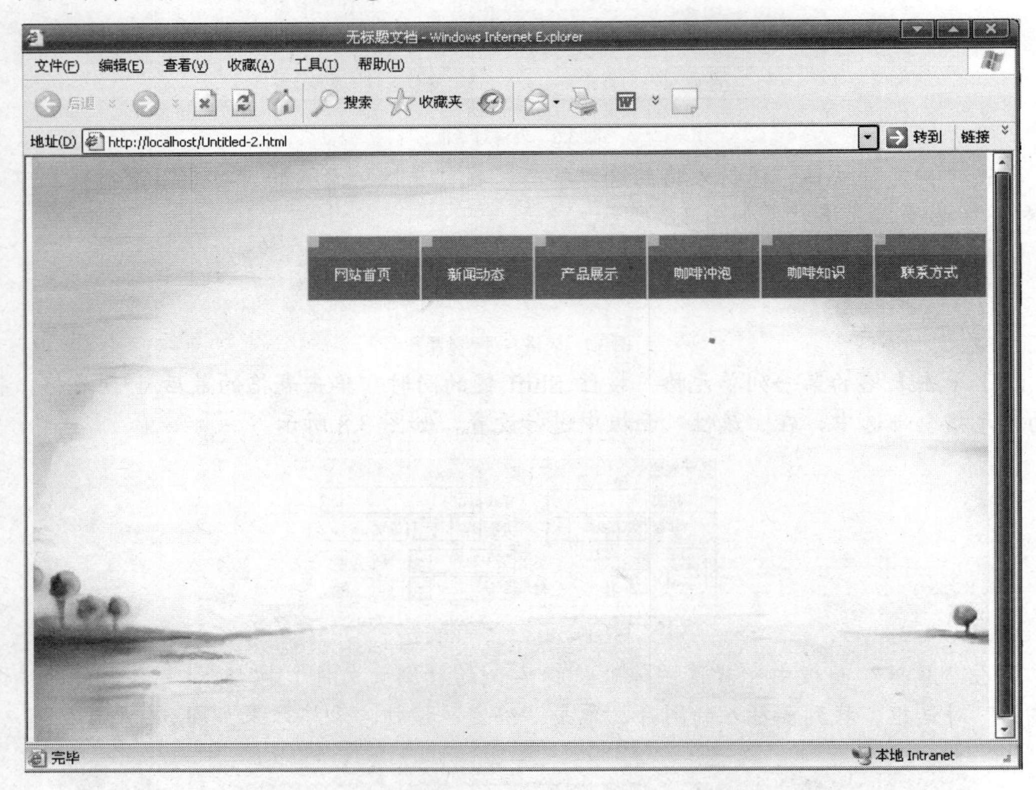

图 3.12　预览网页效果图

成长加油站

表格相关成长

一、表格的属性

1．单元格填充

单元格内容与边框的距离（默认 1 像素）。

2．单元格间距

单元格之间的距离（默认 2 像素）。

3．宽度

单位可以是百分比或像素。

4．边框

表格边框粗细（注意，设置为 0 时，虚线显示，预览不可见，主要用于排版）。

表格示意图如图 3.13 所示。

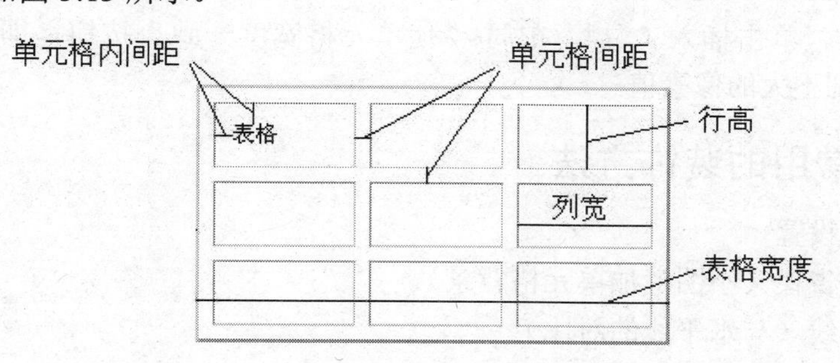

图 3.13　表格内各元素示意图

（1）n 列表格宽度 = 2 × 表格边框 + $(n + 1)$ × 单元格间距 + $2n$ × 单元格边距 + n × 单元格宽度 + $2n$ × 单元格边框宽度（1 个像素）。

（2）背景的设置、边框的设置。可通过“属性”面板和菜单产生如下对话框完成，也可以在插入时设置好，如图 3.14 所示。

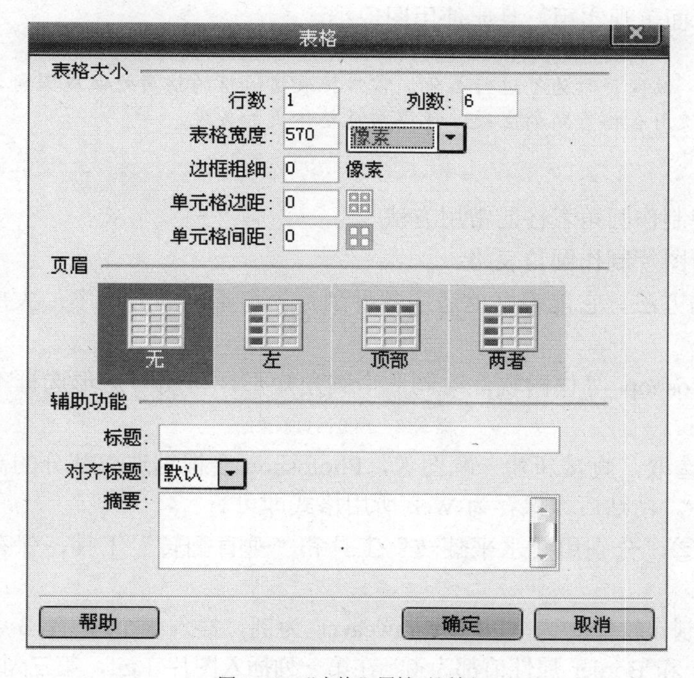

图 3.14　“表格”属性对话框

（3）在代码中，亮边框、暗边框的设置。

亮边框：表格边框靠外一侧的颜色，代码：bordercolorlight = “颜色”。

暗边框：表格边框靠内一侧的颜色，代码：bordercolordark =“颜色”。

二、单元格属性

1．背景的设置、对齐方式、单元格宽度

2．指定所有单元格宽度一致时可使用的办法

• 选中所有单元格，将其宽度设为相同大小，如 1 × 10 的表格，可将其所有单元格宽度设为总宽度/10 px 或 10 %。

• 选中表格，单击插入工具栏/布局/“使单元格宽度一致”按钮，即可将所有单元格宽度设为大小差别不大的像素值。

三、表格常用的装饰方法

1．细边框的设置

2．表格做公告栏（小图片加单元格背景）

3．表格做细线（与水平线的对比）

• 插入工具栏/常用/水平线，可在网页中插入水平线。

• 代码：<hr color =“颜色” width =“宽” size =“高” noshade（阴影）...>。

• 水平线和其他对象有较大间距，且高度不能精确显示。

4．用表格做导航栏

5．熟练掌握表格及单元格属性设置

用表格装饰页面美观实用，且比使用图像小。

做网页时为了进行美化，常常把表格边框的拐角处做成圆角，这样可以避免直接使用表格直角的生硬，使得网页整体更加美观。

下面介绍两种制作圆角表格的常用方法。

方法一：利用图片制作圆角表格。

这是最常用的方法，它能很好地适应各种浏览器和不同的分辨率，大部分网页都使用这种方法。

① 先用 Photoshop 等作图软件绘制一个圆角矩形，再用“矩形选框工具”选取左上角的圆角部分并复制。

② 不要取消选取，直接新建一幅图像，Photoshop 会根据选取部分的高度、宽度自动设置新建图像的大小。粘贴后，保存为 Web 所用格式即可。

③ 重复步骤②，分别用“水平翻转”工具和“垂直翻转”工具，保存另外三个方向的圆角。

④ 打开网页制作软件，这里以 Dreamweaver 为例。插入一个 1 行 3 列的表格，设置其 CellPad，CellSpace 和 Border 属性值都为 0。在第一列插入图片 1.gif，第三列插入图片 3.gif，并设置单元格的高度和宽度与图片一致。设置第二列的背景颜色为与圆角图片一致的颜色，设置宽度为整个表格的宽度减去两个图片的宽度，并打开源代码查看器，删除这列中的字符“ ”

（Dreamweaver 会自动在每个单元格中插入此字符，若不删除会撑大表格）。用同样的方法，做好下半部分的圆角。

⑤ 在已插入的两个表格中间，再插入 1 个 1 行 3 列同宽的表格，CellPad，CellSpace 和 Border 属性值都为 0，宽度为 100%。设置第一列和第三列背景颜色与圆角图片一致的颜色，宽度为 1 像素，并打开源代码查看器，删除这两列中的字符” ”。圆角表格做好了，就可以在第二列中随意添加想要的内容。

方法二：利用 VML 技术制作圆角表格。

用 VML 技术可以更容易地制作一个圆角表格，而且还有投影。

① 修改表识。

② 在区域添加如下代码：

```
style> 〈br>v\:* {behavior: url (#default#VML); } 〈br〉〈/style>
```

③ 在要添加圆角表格的地方加入以下代码：br>。

这里输入表格中的内容，在上面的代码中设置圆角表格的宽度、高度、投影颜色等。这样，一个有投影的圆角表格就制作好了。

这种添加圆角表格的方法虽然很方便，但是不能很好地适应每种浏览器版本，且在设计时是以层的方式显示，不利于版面设计，所以尽量使用第一种方法。

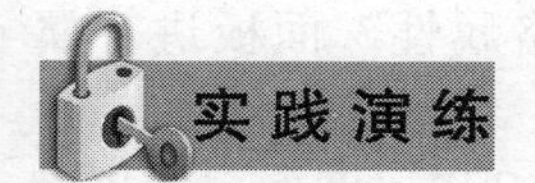

实践演练　青岛西海岸度假胜地

【效果图】

【操作要求】

（1）建立“课堂实践”站点文件夹，在站点文件夹下创建“05 表格布局”文件夹，创建网页文档“05.html”。

（2）利用表格布局网页 05.html 的页面。

（3）设置表格属性以及单元格属性，“边框”设置为 1，“填充”设置为 1，“间距”设置为 0。

（4）根据需要对单元格进行拆分或合并。

（5）在表格中插入图像和文本，且设置图像和文本的格式。

（6）保存网页文档，且在浏览器中浏览该网页。

说明：所有的素材都存储在文件夹“课堂实践”中的各个子文件夹中。

【操作提示】

（1）建议先插入一张 1 行 1 列的表格，然后拆分成 5 行，如表 a 所示；再把第 2 行和第 5 行分别拆分成 10 列、3 列，如表 b 所示。

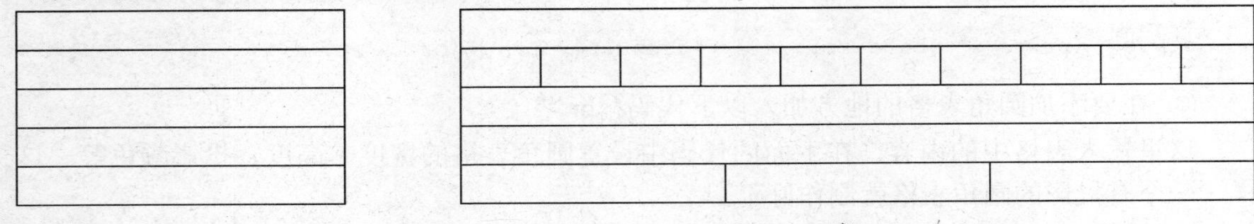

表 a　　表 b

（2）在对应的单元格内输入文字或者插入图像。

（3）设置表格属性必须选中整张表格，然后利用“表格属性”面板进行属性设置。

（4）设置单元格属性必须选中对应的单元格，然后利用“单元格属性”面板进行属性设置。

（5）设置单元格中的图像属性，必须先选中单元格中的图像，然后利用“图像属性”面板进行属性设置。

过程评价

任务评估细则		学生自评	学习心得
1	表格属性的设置方法		
2	单元格属性的设置方法		
3	实践演练		

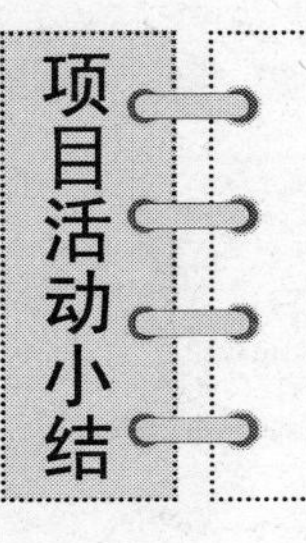

通过本项目的学习能够对网站设计有一个全面的理解，认识到表格对网页制作的重要性。

- 要掌握表格布局网页时的注意事项；
- 要注意培养自己沟通和分析问题的能力；
- 要有画网页布局图的能力。

读书之法，在循序渐进，熟读而精思。——朱熹

项目活动四 布局表格

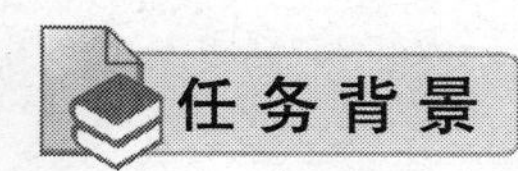

学习完表格的插入、属性的设置和利用表格布局网页，就要将所学知识应用到实际生活和工作中了。下面再来学习设置跟踪图像的方法和布局表格的方法，以便在实际工作中灵活运用。

本项目的教学目的就是要让网页制作者在熟悉表格插入和属性设置方法的基础上能够设置跟踪图像和布局表格。

- 设置跟踪图像的方法。
- 布局表格的方法。

任务 设置跟踪图像

用表格布局网页时会有这样的感觉：力不从心，想好的布局方式在真正操作时不能够完全实现，总和自己的设想有较大的差距。那么通过本任务的学习将解决这个难题。

任务分析

- 跟踪图像的特点
- 设置跟踪图像的方法

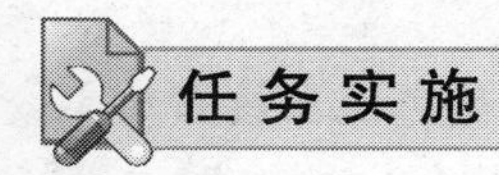

跟我学 为幽幽博客设置跟踪图像

【操作步骤】

（1）新建网页文档并保存为“yyou.html”，按 Ctrl+J 组合键打开“页面属性”对话框，如图 4.1 所示。

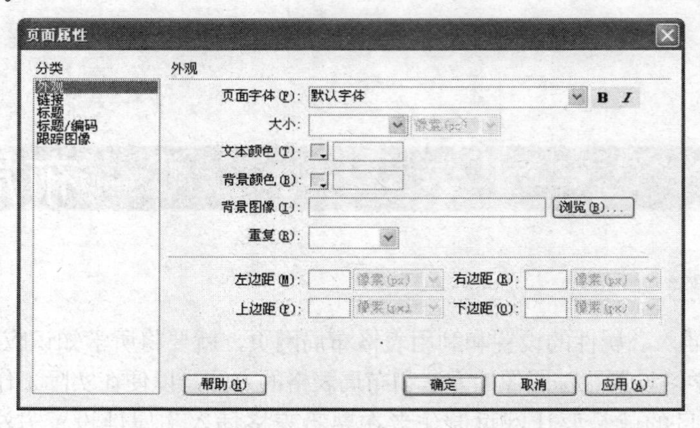

图 4.1 “页面属性”对话框

（2）选择“外观”分类，在其右侧的“大小”下拉列表框中选择“像素”选项，在“背景图像”文本框中输入“12”，在其后的下拉列表框中选择“像素”选项，在“背景图像”文本框中输入“3.jpg”，如图 4.2 所示。

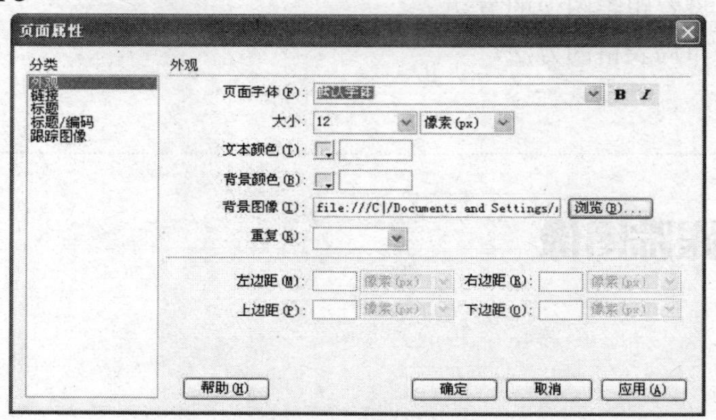

图 4.2 填写“页面属性”对话框

（3）选择“标题\编码”分类，在其右侧的“标题”文本框中输入“幽幽博客”。

（4）选择“跟踪图像”分类，在其右侧的“跟踪图像”文本框中输入“yyou.png”，在“透明度”栏中调整透明度为“41%”，单击“确定”按钮，如图 4.3 所示。

（5）选择“查看→表格模式→布局模式”命令或按 Alt+F6 组合键切换到表格布局模式。

（6）在“插入”栏的“布局”选项卡中单击“绘制布局单元格”按钮。

（7）将光标移动到图像的左上角，按住鼠标左键不放并向右下角拖曳。

（8）拖曳到图像右下角时释放鼠标，完成布局单元格的绘制。光标自动定位在该布局单元格中。

（9）选择“插入记录\图像”命令，在打开的对话框中双击要插入的图像“1.jpg”，如图 4.4 所示。

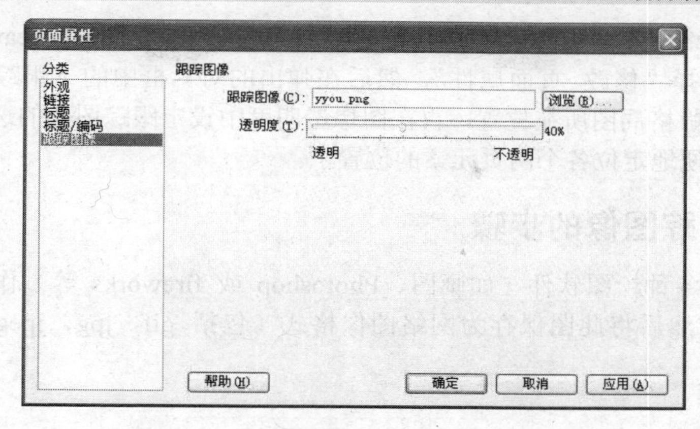

图 4.3 填写“页面属性”对话框

（10）使用相同的方法，为右侧的图像绘制一个布局单元格。

（11）将光标定位在刚绘制的布局单元格中，插入图像“2.jpg”，如图 4.5 所示。

图 4.4 插入图像“1.jpg”

最佳营销排行TOP3
salsa小魔女
美女跳舞秀火辣身材
八面_guai
八面妖精_个性服饰
feichan...
非常手机mm
更多美女店主>>

图 4.5 插入图像“2.jpg”

（12）单击编辑窗口顶部的“退出”超级链接，退出布局模式。

成长加油站

跟踪图像相关成长

一、什么是跟踪图像

跟踪图像是 Dreamweaver 软件中一个非常有效的功能，它允许用户在网页中将原来的平面设计稿作为辅助背景。用户可以非常方便地定位文字、图像、表格、层等网页元素在该页面中的位置。

二、跟踪图像的优点

跟踪图像的具体使用为：首先使用各种绘图软件作出一个想象中的网页排版格局图，然后将此图保存为网络图像格式（包括 gif，jpg，jpeg 和 png）。用 Dreamweaver 打开所编辑的网页，在菜单中选择“修改>页面属性”，然后在弹出的对话框中的“跟踪图像”项中输入刚才创建的网页排版格局图所在位置，再在图像透明度中设定跟踪图像的透明度。这样就可以在当前网页中方便地定位各个网页元素的位置了。

三、设置跟踪图像的步骤

（1）首先使用各种绘图软件（如画图、Photoshop 或 fireworks 等）作出一个想象中的网页排版格局图，然后将此图保存为网络图像格式（包括 gif，jpg，jpeg 和 png），如图 4.6 所示。

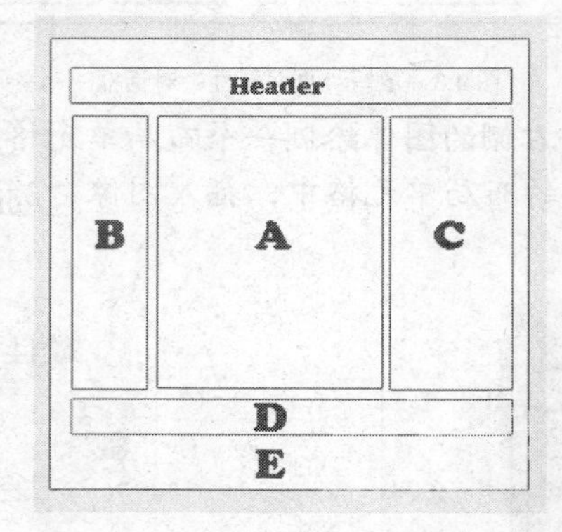

图 4.6　网页排版格局图

（2）用 Dreamweaver 打开所编辑的网页，在菜单中选择“修改>页面属性”，然后在弹出的对话框中的“跟踪图像”项中输入刚才创建的网页排版格局图所在位置。如图 4.7 所示。

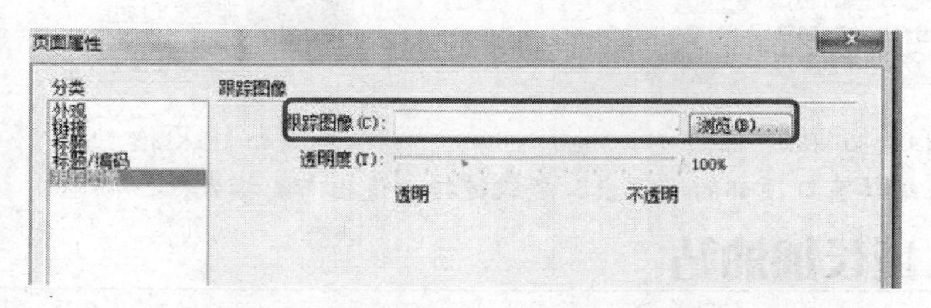

图 4.7　“页面属性”对话框“跟踪图像”

（3）在图像透明度中设定跟踪图像的透明度。如图 4.8 所示。

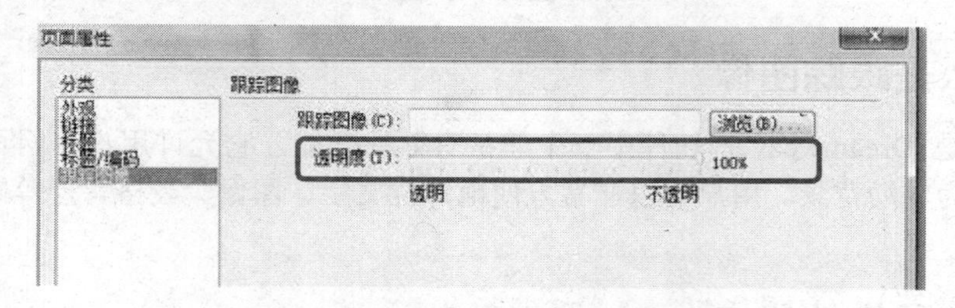

图 4.8　“页面属性”对话框“透明度”

（4）在当前网页中定位各个网页元素的位置。

提示：使用了跟踪图像的网页在用 Dreamweaver 编辑时不会再显示背景图案，但当使用浏览器浏览时正好相反，跟踪图像不见了，所见的就是经过编辑的网页（当然能够显示背景图案）。

实践演练　青岛西海岸度假胜地

【效果图】

【操作步骤】

（1）建立“课堂实践”站点文件夹，在站点文件夹下创建“06 布局表格”文件夹，创建网页文档“06.html”。

（2）利用布局表格布局网页 06.html 的页面元素。

（3）分别在各个布局单元格中输入文字和插入图像。

过程评价

任务评估细则		学生自评	学习心得
1	什么是跟踪图像		
2	跟踪图像的优点		
3	设置跟踪图像的方法		
4	课堂实践		

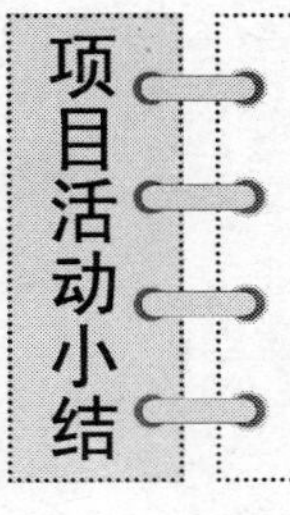

项目活动小结

通过本项目的学习，要求学生能够基本理解对网页的布局和跟踪图像的用法，能够在布局网页和设置跟踪图像过程中学会基本方法和技巧。

- 注意培养自己的动手实践能力。
- 注意培养自己发现、分析和解决问题的能力。

项目活动五

层的布局

项目活动描述

如果用户想在网页上实现多个元素重叠的效果，可以使用层。层是网页中的一个游离在文档之上的区域，游离在文档之上。利用层可精确定位和重叠网页元素。通过设置不同层的显示或隐藏，可实现特殊效果。因此，在掌握层技术之后，就可以给网页制作提供强大的页面控制能力。

本项目将对层的建立、层的应用和时间轴动画逐一进行讲解和练习，以便做出的网页更加完美。

- 学会在网页中插入层，修改层的属性，能够对多个层进行熟练的操作。
- 能够在布局网页时灵活地应用层；能够实现层的嵌套。

任务一 创建层

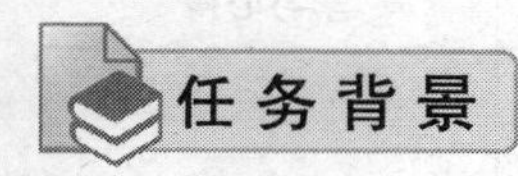

任务背景

若想利用层来定位网页元素，要先创建层，再根据需要在层内插入其他表格元素。有时为了布局，还可以显示或隐藏层边框。

任务分析

- 掌握创建层的方法
- 学会关于层的基本操作

【操作步骤】

（1）单击“插入”面板中“布局”选项卡中的“绘制 AP Div”按钮，在文档窗口中光标呈“十”形状，按住鼠标左键拖曳，画出一个矩形层，如图 5.1 所示。

（2）将“插入”面板中“布局”选项卡中的“绘制 AP Div”按钮拖曳到文档窗口中，释放鼠标，在文档窗口中出现一个矩形层。

（3）将光标放置到文档窗口中要插入层的位置，执行“插入记录—布局对象—AP Div”命令，在插入点的位置插入新的矩形层。

（4）单击“插入”面板中“布局”选项卡中的“绘制 AP Div”按钮，在文档窗口中光标呈“十”形状，按住 Ctrl 键＋鼠标左键拖曳，画出一个矩形层。只要不释放 Ctrl 键，就可以继续绘制新的层。

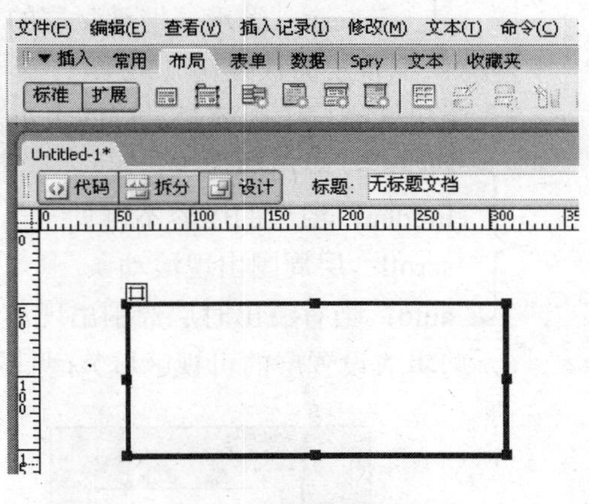

图 5.1　插入层的示意图

成长加油站

层属性的设置

一、层的创建

1．图层标签

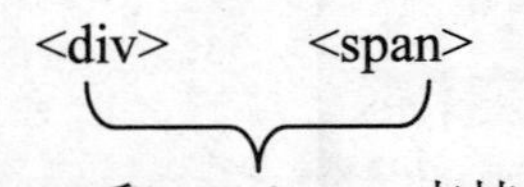

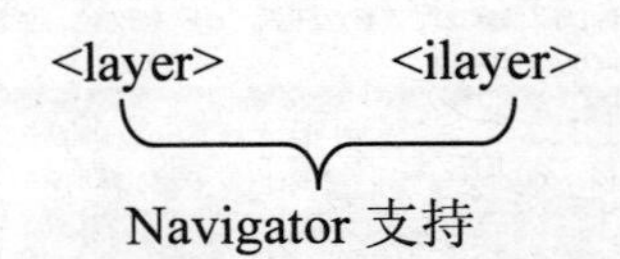

2．建立新层

方法一：插入/层。

方法二：单击插入工具栏/常用/描绘层按钮，在编辑区中拖曳（按下 Ctrl 键可连续画层）。

方法三：直接拖曳描绘层按钮到编辑区。

二、属性的设置

1．层的定位

- 绝对：浏览器左上角为坐标原点。
- 相对：相对于其他网页元素定位。

2．层的命名（英文字母开头，且不能使用特殊字符和空格）

3．Z 轴（Z 值越大，位置越靠上，可以是任意整数）

4．显示

- visible 可见
- hidden 隐藏
- inherit 继承（继承父层的可视性）

注意：配合层面板使用（F2）

5．溢出（当层中内容超过层的大小）

- visible：溢出的内容可见
- hidden：溢出的内容不可见
- scroll：层周围出现滚动条
- auto：当有溢出时层周围出现滚动条

6．剪辑（设置层的可视区域）（见图 5.2）

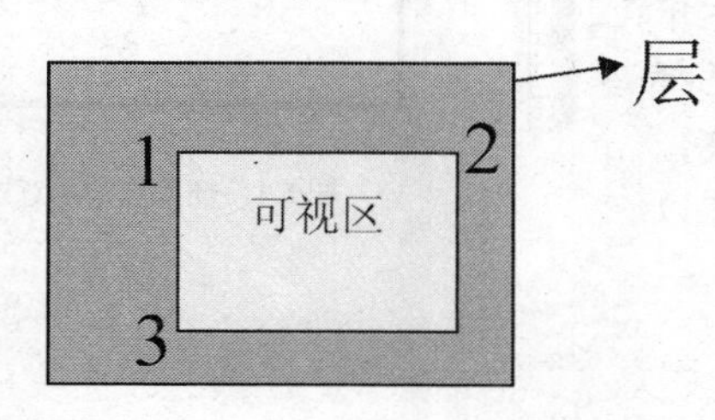

左：点1至层左边框的距离
上：点1至层上边框的距离
右：点2至层左边框的距离
下：点3至层上边框的距离

右-左=可视区宽　　下-上=可视区高

图 5.2　层示意图

层（Layer）是一种 HTML 页面元素，可以将它定位在页面上的任意位置。层可以包含文本、图像或其他 HTML 文档。层的出现使网页从二维平面拓展到三维，可以使页面上的元素进行重叠和复杂的布局，如图 5.3 所示。

图 5.3　层在网页中的应用示意图

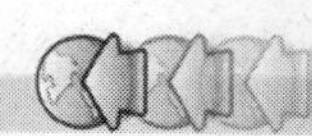

【操作提示】

（1）首先来做一个层，在“窗口”菜单＞选“层”，或点“插入”菜单＞布局对象＞选“层”。

（2）在页面中显示一个层。

（3）通过周围的黑色调整柄拖曳控制层的大小。

（4）拖曳层左上角的选择柄可以移动层的位置。

（5）单击层标记可以选中一个层。

（6）在层中可以插入其他任何元素，包括图片、文字、链接、表格等。

一个页面中可以画出很多的层，这些层都会列在层面板中。层之间也可以相互重叠。层面板可以通过菜单“窗口”菜单＞选“层”打开。

这里对几个概念进行解释。层有隐藏和显示的属性，这是层的一个重要属性和以后说到的行为相结合就变成了重要的参数。单击层面板列表的左边，可以打开和关闭眼睛，眼睛睁开和关闭分别表示层的显示和隐藏。

层还有一个概念就是层数，层数决定了重叠时哪个层在上面哪个层在下面。比如，层数为 2 的层在层数为 1 的层的上面，如图 5.4 所示。改变层数就可以改变层的重叠顺序。

层面板上面还有一个参数就是防止层重叠，一旦勾选，页面中的层就无法重叠了。

层还有一种父子关系也就是隶属关系。如图 5.5 所示，图中 Layer2 挂在 Layer1 的下面。Layer1 为父层，Layer2 为子层。在页面中拖动 Layer1，Layer2 也跟着动起来。因为它们已经链接在一起了，并且 Layer2 隶属于 Layer1。移动 layer2 层，Layer1 层不动。也就是父层会影响到子层，但子层不会影响到父层。

图 5.4　层面板示意图

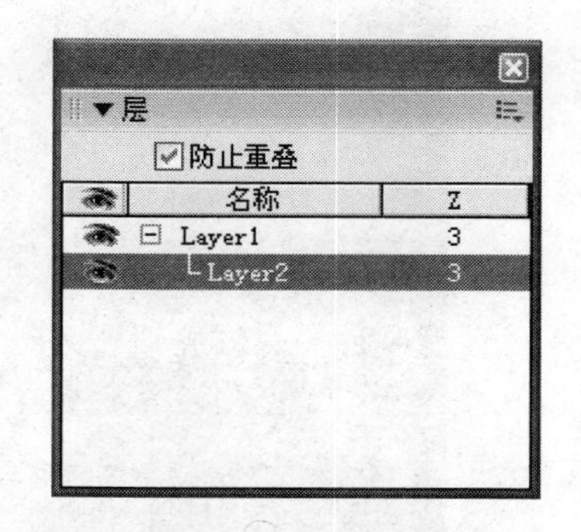

图 5.5　父子层关系在层面板上的示意图

要建立这样的一种隶属关系方法很简单，在层面板中按 Ctrl 键将子层拖曳到父层即可。

任务评估细则		学生自评	学习心得
1	在网页中插入层的方法		
2	关于层的基本操作		
3	层属性的设置		

任务二 应用层

任务背景

在网页设计中，用来定位内容的元素包括表格和层。其中表格是在网页整体布局中使用最广泛的，也是最常看到的。相对来说层更具灵活性，操作也更方便。层如同含有文字、图片、表格、插件等元素的胶片，一张张按顺序叠放在一起，组合起来形成页面的最终效果。有时为了布局，还可以显示或隐藏层边框。

任务分析

- 掌握在网页制作时应用层的方法
- 学会关于层的基本属性

跟我学 为红玫瑰化妆品网页添加文字

【操作步骤】

（1）执行“文件—打开”命令，在弹出的对话框中选择图片，如图5.6所示。

图5.6 选择图片示意图

（2）单击“插入”面板中“布局”选项卡中的“绘制AP Div”按钮，在页面中拖曳鼠标绘制出一个矩形层，如图5.7所示。

（3）将光标置入层中，输入红色文字，并在“属性”面板中设置字体和大小，效果如图5.8所示。执行“窗口—AP元素”命令，弹出“AP元素”面板，在面板中选中“apDiv1”，如图5.9所示。

执行“编辑—拷贝”命令，拷贝选中的层，在页面的空白处单击鼠标，执行“编辑—粘

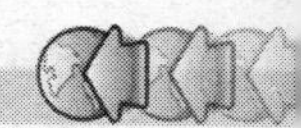

贴”命令，粘贴拷贝的层，如图 5.10 所示。

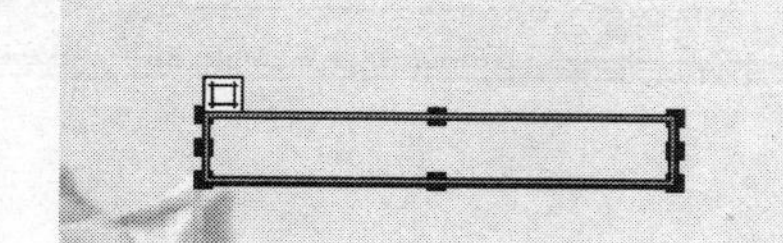

图 5.7　插入层

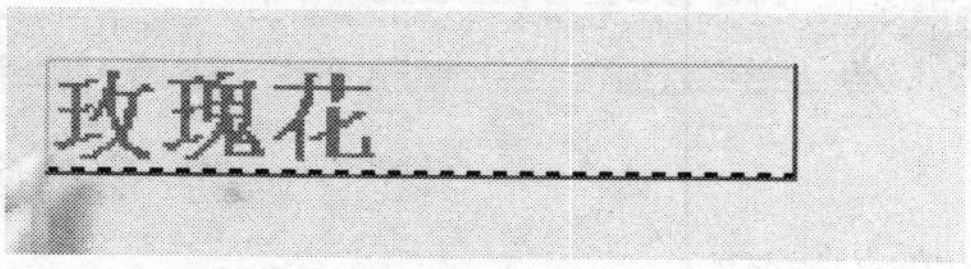

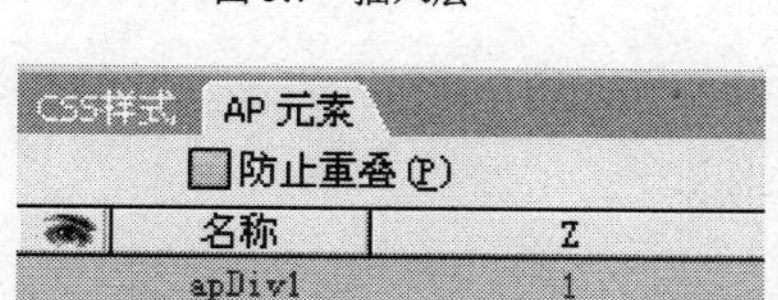

图 5.8　层中输入文字

图 5.9　“AP 元素”面板

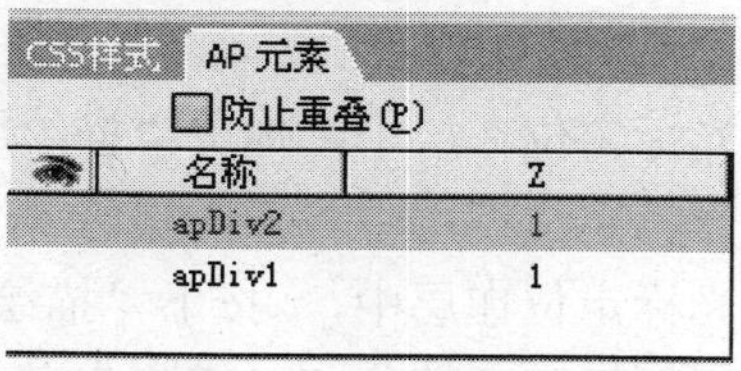

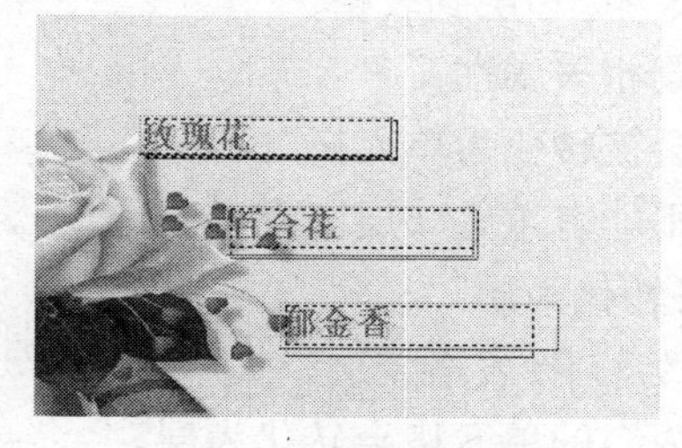

图 5.10　拷贝并粘贴层

（4）在面板中选中第一个层，按方向键的向右键 3 次，移动层的位置，使文字产生阴影效果，如图 5.11 所示。

使用相同的方法制作其他文字，效果如图 5.12 所示。

图 5.11　文字的阴影效果

图 5.12　制作其他文字效果

（5）保存文档，按 F12 键预览效果，如图 5.13 所示。

图 5.13　网页效果图

成长加油站

层的应用

1．图层嵌套

子层会继承父层的某些属性。

方法：

- 将光标定位在层中，拖曳“描绘层”按钮到层中。
- 将光标定位在层中，插入层。
- 将光标定位在层中， 按下“描绘层”按钮，按住 Alt 画一个层。
- 在层面板中，按住 Ctrl 键拖曳某层到父层下。
- 将层的标记拖曳到父层中。

2．表格与层的相互转化

由层转化为表格：

- 修改/转化/层到表格。
- 设置相关属性。
- 层会被转化为单元格。
- 层不能有重叠（层面板有此选项）。

由表格转化为层：

- 修改/转化/表格到层。
- 有内容的单元格会转化为层。

提示

层和表格之间的转换

由于层在网页布局上非常方便，所以一些人可能不喜欢使用表格“布局”模式来创建自己的页面，而喜欢通过层来进行设计。但是用层来布局网页也有其缺点，那就是容易在浏览页面时出现问题。此时可以这样来解决：在 Dreamweaver 中使用层来创建布局，然后将它们转换为表格。

在将层转换为表格之前，请确保层没有重叠。请执行以下操作：选择“修改—转换—层到表格”，即可显示“转换层为表格”对话框，选择所需的选项，单击“确定”按钮，如图 5.14 所示。

若要将表格转换为层，请选择“修改—转换—表格到层”，即可显示“转换表格为层“对话框，选择所需的选项，单击“确定”按钮，如图 5.15 所示。

代码解读　HTML 的层标记

在做网页的时候，有时在里面加了层，但是在浏览的时候加的那个层就会跑到一边。那个位置并不理想，有什么办法能让层不乱“跑”呢？

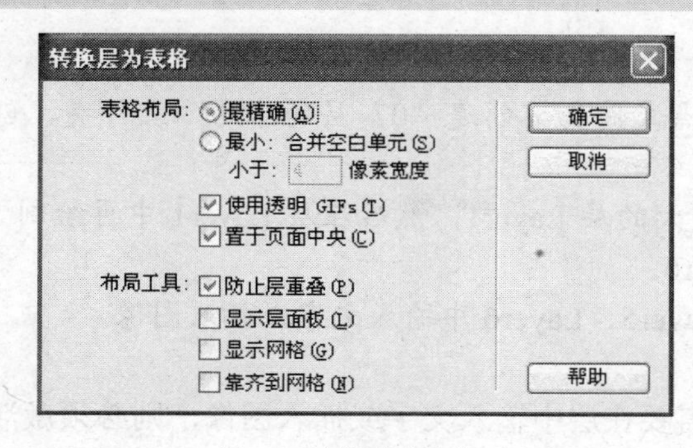

图 5.14　层转换为表格

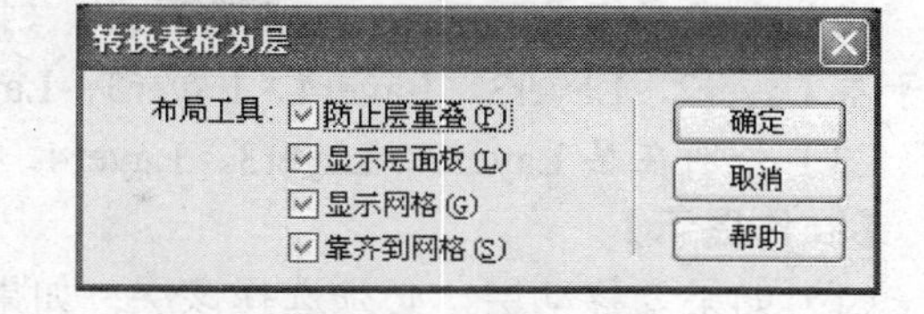

图 5.15　表格转换为层

1．方法

手动建立 div。也就是说不要用 dw 自带的插入层，那会生成很多无用代码。用 Css 控制要固定 div 的外层元素的 position 为 relative（相对定位），然后设置要固定 div 的自身的 position 为 absolute（绝对定位）。这样就实现了这个 div 在外层元素里的绝对位置。只要外层位置不变，里面的 div 层位置也不会变。

2．举例

（1）在背景图所在的 div 中加入属性 position:relative（相对定位）。

（2）Logo 所在 div 的 style 中加入属性 position:absolute（绝对定位），就可以实现 Logo 相对于背景绝对定位，然后设置 left 和 top 属性就可以控制相对于背景的位置。

例如，下面两个 div 实现了 Logo 白色 div 永远在背景黑色 div 的 left:20px; top:20px; 位置。
<div style = "position:relative; background-color:#000000; width:500px; height:500px; "> <div id = "logo" style = "position:absolute; left:20px; top:20px; background-color:#FFFFFF; width:120px; height:120px; "> </div></div>

青岛西海岸度假胜地

【效果图】

【操作步骤】

（1）建立“课堂实践”站点文件夹，在站点文件夹下创建“07 层的布局”文件夹，创建网页文档“07.html”。

（2）利用层布局网页 07.html 的页面。创建大的层 Layer1，然后在层 Layer1 中再绘制 5 个子层 Layer2、Layer3、Layer4、Layer5、Layer6。

（3）分别在层 Layer2、Layer3、Layer4、Layer5、Layer6 中输入文字或插入图像。

【制作提示】

（1）如果要移动层，必须选择该层；如果需要在层中输入文字或插入图像，则必须激活该层。层的选择状态和激活状态在外观上有一定的区别。

（2）层既可设置背景图像，也可以在层中插入图像。

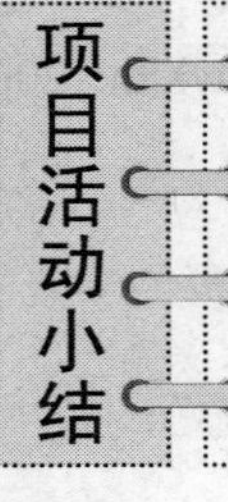

过程评价

任务评估细则		学生自评	学习心得
1	层的属性的应用		
2	关于层的基本操作		
3	任务中相关知识点的应用		
4	课堂实践		

项目活动小结

通过本项目的学习，学生们能够在制作网页时建立层，能够对层的属性进行设置，能够对层进行基本的操作。

- 要注意学以致用。
- 要注意将所学知识及时进行归纳总结以达到温故而知新的目的。

求学的三个条件是：多观察、多吃苦、多研究。——加菲劳

项目活动六

框架页面设计与制作

项目活动描述

框架是网页中经常使用的页面设计方式，其作用就是把网页在一个浏览器窗口下分割成几个不同的区域，实现在一个浏览器窗口中显示多个 HTML 页面。使用框架可以非常方便地完成导航工作，让网站的结构更加清晰，而且各个框架之间绝不存在干扰问题。框架最大的作用就是使网站的风格一致。通常把一个网站中页面相同的部分单独制作成一个页面，作为框架结构的一个子框架的内容让整个网站公用。

通过本项目的学习，要学会框架的创建，能够熟练保存框架，并完成对框架的设置，从而将所学知识应用于实践中。

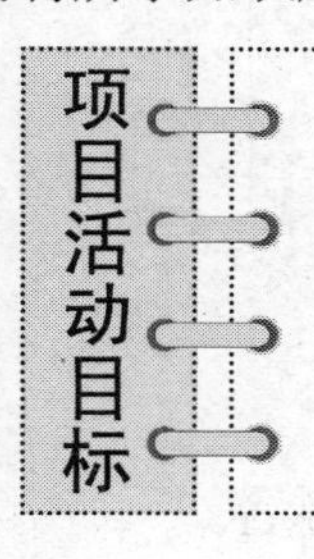

- 掌握框架的作用。
- 学会框架的创建。
- 能够熟练地对框架进行操作。

任务 使用框架制作网页

任务背景

制作网页有很多方法，而最简单的就是使用框架制作一个网站的页面。框架的出现大大丰富了网页页面的布局、手段以及页面之间组织形式，使浏览者可以通过框架很方便地浏览不同的页面。一家开业不久的饭店，推出几款新的美食产品，他们想在网上宣传自己的产品，展示这些产品的图片。下面就来完成这个任务。

任务分析

- 创建框架，理解框架的作用

- 保存框架及框架集
- 学会在框架中插入表格及图片

任务实施

跟我学

利用 Dreamweaver 中的框架创建一个“美食网站”的静态页面，效果如图 6.1 所示。

图 6.1　效果图

【操作步骤】

1. 新建框架

- 新建一个文件夹，将要用到的图片放到文件夹中，然后打开 Dreamweaver。
- 创建一个站点，按 Ctrl + N 快捷键，弹出“新建文档”对话框，在左侧的列表中选择“示例中的页”选项，然后选择框架集，在右侧的“示例页”中选择“上方固定，下方固定”的选项，单击“创建”按钮，如图 6.2 所示。

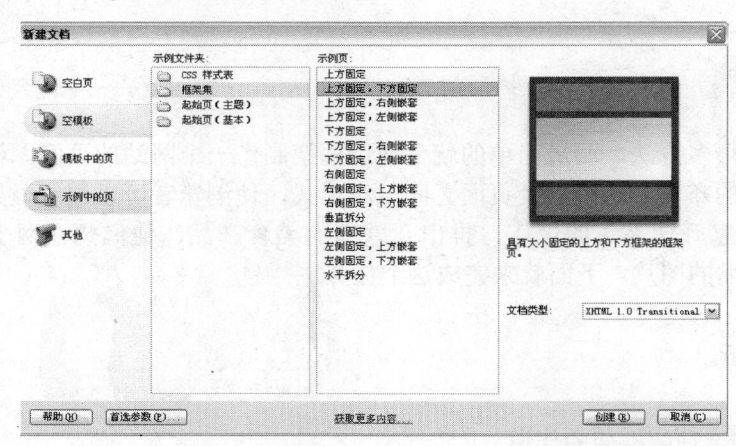

图 6.2　新建框架

2. 保存框架集

执行“文件—保存全部”命令，弹出“另存为”对话框，在“文件名”处输入“index”，如图 6.3 所示。

图 6.3　保存框架集

3. 保存底部框架

单击“保存”按钮会弹出一个保存对话框，保存的框架为底部框架，在“文件名”处输入“bottom”，然后单击“保存”按钮，如图 6.4 所示。

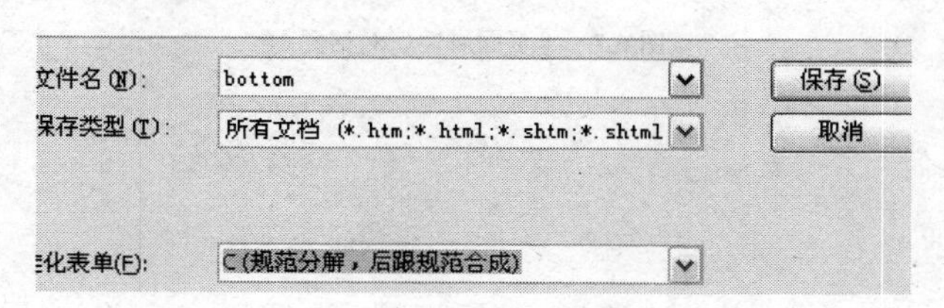

图 6.4　保存底部框架

4. 保存主框架

再次单击“保存”按钮会弹出一个对话框，此次保存的框架是中间部分，在“文件名”处输入“main”，如图 6.5 所示。

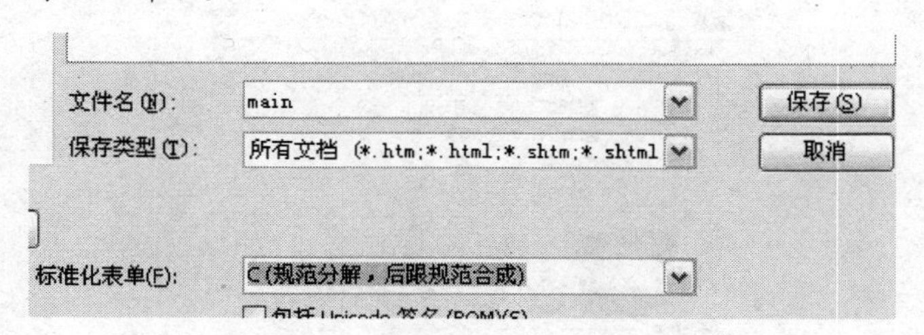

图 6.5　保存主框架

5. 保存顶部框架

最后一个保存对话框的文件名为“top”，保存顶部的框架内容，如图 6.6 所示。

6. 设置页面属性

将光标置入顶部框架中，单击“修改—页面属性”，弹出对话框，在对话框中将“左边距、右边距、上边距、下边距”选项均设为 0，完成页面属性的修改，用同样的方法设置底部的框架。在框架“属性”面板中“行”选项的数值框中输入“64”，按 Enter 键，如图 6.7 和图 6.8 所示。

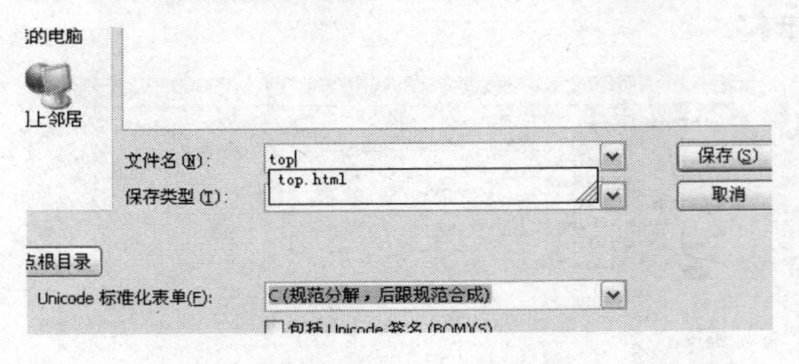

图 6.6　保存顶部框架

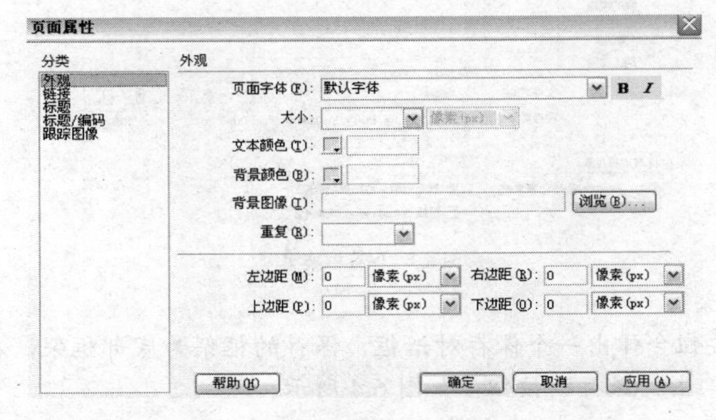

图 6.7　“页面属性”对话框

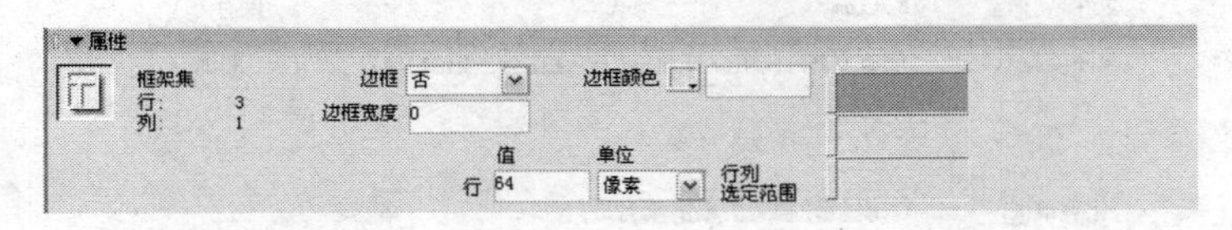

图 6.8　“属性”面板

7. 插入表格

将光标置入顶部框架，在插入面板中“常用”选项卡中单击“表格”按钮，在弹出的“表格”对话框中进行设置，单击“确定”按钮完成表格的插入，如图 6.9 所示。

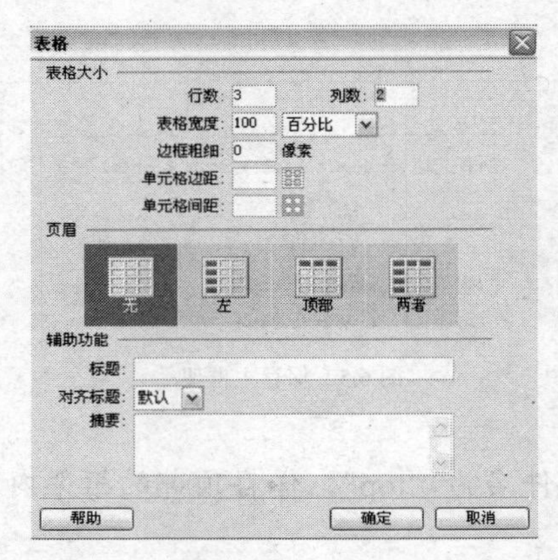

图 6.9　插入表格

8. 插入表头图片

在顶端的边框内插入网页的表头图片，如图 6.10 所示。

图 6.10　插入表头图片

9. 插入图片

在中间框架内插入 2 列 1 行的表格，然后在表格中插入图片，如图 6.11 所示。

图 6.11　插入图片

10. 插入底部图片

最后在底部框架内插入底部图片，如图 6.12 所示。

图 6.12　插入底部图片

11. 按 F12 键测试网站

成长加油站

框架相关知识

1. 框架和框架集

框架是浏览器窗口中的一个区域，它可以显示与浏览器窗口其余部分中所显示内容无关的 HTML 文件。框架集是 HTML 文件，它定义一组框架的布局和属性，包括框架的数目、大小和位置，以及在每个框架中初始显示的页面地址。框架不是文件，在框架中的文件是构成框架 的一部分，显示的文件实际上并不是框架的一部分。任何框架都可以显示任何文件。

如果一个站点在浏览器中显示为包含 3 个框架的单个页面，则它实际上至少由 4 个单独的 HTML 文件组成：框架集文件及 3 个网页文件，这 3 个网页文件包含在这些框架内初始显示的内容。在 Dreamweaver 中设计使用框架集的页面时，必须保存全部的 4 个文件，以便该页面可以在浏览器中正常工作。

2．在 Dreamweaver 中创建基于框架的页面

Dreamweaver 允许查看和编辑与一组框架相关联的所有文件，这一切都可以在一个文档窗口中完成，可以在编辑带有框架的页面时大致看到每个文档在浏览器中的显示方式。每个框架都显示单独的 HTML 文档。即使文档是空的，也必须将每个框架中的网页全部保存后才可以进行预览。

3．创建框架或框架集

在 Dreamweaver 中有两种创建框架集的方法：既可以自己设计框架集，也可以从若干预定义的框架集中选择。选择预定义的框架集将自动设置创建布局所需的所有框架集和框架，它是迅速创建基于框架的布局最简单的方法。可以在设计视图下，单击“插入面板→布局→框架”按钮，增加预定义的框架集。

4．编辑框架集

在创建框架集或使用框架前，通过执行“查看—可视化助理—框架边框”命令，使框架边框在文档窗口的设计视图中可见。

如果要创建框架集，可执行以下操作：在“修改—框架集”子菜单中，选择拆分项。此时当前窗口被拆分成两个框架，并且被拆分的文档显示在某一框架中。

要将一个框架拆分成几个更小的框架，可执行以下操作。

① 要拆分插入点所在的框架，可从“修改—框架集”子菜单中选择拆分项。

② 要以垂直或水平方式拆分一个框架或一组框架，将框架边框从设计视图的边缘拖入设计视图的中间。

③ 要使用不在设计视图边缘的框架边框拆分一个框架，在按住 Alt 键的同时拖曳框架边框。

④ 要将一个框架拆分成四个框架，将框架边框从设计视图一角拖入框架的中间。

5．删除框架

将边框框架拖离页面或拖到父框架的边框上。如果正被删除的框架中的文档有未保存的内容，则 Dreamweaver 将提示保存该文档。要删除一个框架集，先关闭显示它的文档窗口。如果该框架集文件已保存，则删除该文件。

代码解读　框架代码和浮动框架代码

1．框架代码

所谓框架便是网页画面分成几个框窗，同时取得多个 URL。只需要 FRAMESET，FRAME 即可，所有框架标记需要放在一个总的 html 档，这个档案只记录了该框架如何分割，不会显示任何资料，所以不必放入 <BODY> 标记。<FRAMESET> 是用来划分框窗，每一框窗由一个 <FRAME> 标记所标示，<FRAME>必须在 <FRAMESET> 范围中使用。例如：

```
<frameset cols="50%, *"> <frame name="hello" src="up2u.html"> <frame
name="hi" src="me2.html">
```

播下一个行动，你将收获一种习惯；播下一种习惯，你将收获一种命运！

```
</frameset>
```

此例中<FRAMESET>把画面分成左右相等的两个部分，左边显示 up2u.html，右边则显示 me2.html 档案，<FRAME>标记所标示的框窗永远是由上而下、由左至右的次序。

2．浮动框架代码

Iframe 标记的使用格式是：

```
<Iframe  src="URL"  width="x"  height="x"  scrolling="[OPTION]"
frameborder="x"></Iframe>
```

src：文件的路径，既可以是 HTML 文件，也可以是文本、ASP 等。

scrolling：当 SRC 指定的 HTML 文件在指定的区域显示不完整时，滚动选项，如果设置为 NO，则不出现滚动条；如为 Auto，则自动出现滚动条；如为 Yes，则显示。

Frameborder：区域边框的宽度，为了让“画中画”与邻近的内容相融合，常设置为 0。

比如，<Iframe src = "http://netschool.cpcw.com/homepage" width = "250" height = "200" scrolling = "no" frameborder = "0"></Iframe>。

青岛西海岸度假胜地

【效果图】

大珠山•小珠山　　青岛西海岸　　胶南民间艺术　　珠山秀色掩古刹

胶南市职业中专微机科　版权所有(C) 20.2
地址：胶南市大学科研区大学一路　邮编：266400
网页设计：胶南市职业中专微机科《网页设计》精品课程小组

【操作步骤】

（1）建立“课堂实践”站点文件夹，在站点文件夹下创建“08 框架网页”文件夹，创建网页文档“08.html”，该网页采用了“顶部框架”结构。

（2）顶部框架的源文件为“top.html”，该网页中插入了一张 1 行 4 列的表格，输入相关文字作为超级链接并链接对应页面，目标为：mainframe。

（3）底部框架的源文件为“bottom.html”，该网页文档原先已制作好，只需设置框架的源文件即可。

【操作提示】

（1）将框架上半部分的下边框设置为 0，将框架下半部分的上边框设置为 0。

（2）各个框架的源文件网页必须设置居中对齐，以保证整个框架在浏览时是居中对齐。

过程评价

任务评估细则		学生自评	学习心得
1	框架的创建		
2	框架的保存		
3	在框架中插入图片		
4	课堂实践		

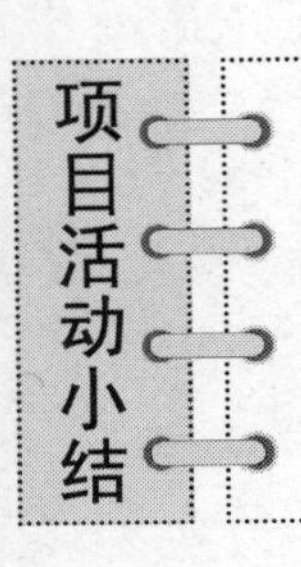

项目活动小结

1．理解框架、框架集的基本概念；

2．学会创建框架；

3．能够在网页中应用框架来创建主页。

播下一个行动，你将收获一种习惯；播下一种习惯，你将收获一种命运！

项目活动七

超链接与导航栏

项目活动描述

网络中的每个网页都是通过超链接的形式关联在一起的，超链接是网页中最重要、最根本的元素之一。浏览者可以通过单击网页中的某个元素，轻松地实现网页之间的跳转或下载文件、收发邮件等。

通过学习本项目，能够学会超链接的设置，特别是学会文本的设置、电子邮件的设置、导航栏的设置及创建超链接的多种方法。

- 电子邮件超链接的设置方法。
- 页面之间的超级链接方法。
- 图片超级链接的设置方法。

任务一 常见的几种超链接

任务背景

一个网站会有很多页面，如果页面之间彼此是独立的，那么网页就好比是孤岛，这样的网站也是无法运行的。为了建立起网页之间的联系必须使用超链接。之所以称为“超链接”，是因为它什么都能链接，如网页、下载文件、网站地址、邮件地址……常见的几种超链接有电子邮件的超链接、页面之间的超链接、图片的超链接等，下面就来讨论怎样在网页中创建超链接。

任务分析

- 网页各种超链接展示
- 超链接的设置方法

用 Dreamweaver 为“欢迎您来信赐教!”创建电子邮件超链接，效果如图 7.1 所示。

欢迎您来信赐教!

图 7.1　电子邮件超链接

跟我学　电子邮件超链接的设置

【操作步骤】

（1）执行“文件—打开”命令，打开网页“index.asp”文件，单击“打开”按钮打开文件。

（2）在编辑状态下，先选定要链接的文字“欢迎您来信赐教!”

（3）单击“插入记录”菜单选择“电子邮件链接”，弹出如图 7.2 所示对话框，输入 E-Mail 地址即可。

图 7.2　“电子邮件链接”对话框

还可以选中图片或者文字，直接在“属性”面板链接框中输入“mailto: 邮件地址”，如图 7.3 所示。

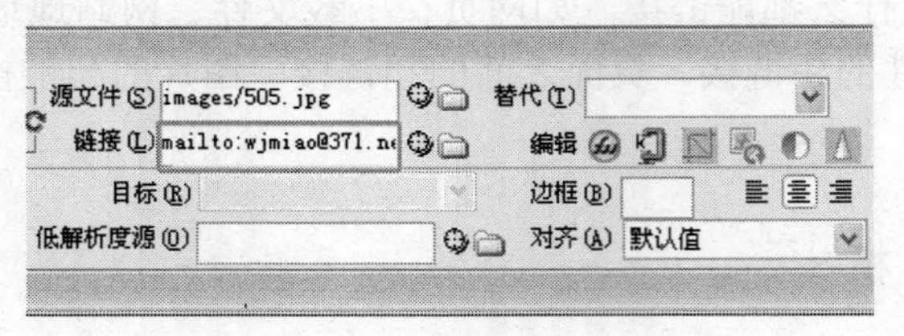

图 7.3　“属性”面板

（4）创建完成后，保存页面，按 F12 键预览网页效果。

跟我学　文件超链接的设置

【操作步骤】

（1）执行“文件—打开”命令，打开网页“index.asp”文件，单击“打开”按钮打开文件。

（2）在网页中选中要做超链接的文字或者图片。

（3）在“属性”面板中单击黄色文件夹图标，在弹出的对话框里选中相应的网页文件就完成了。做好超链接的“属性”面板出现链接文件显示，如图 7.4 所示。

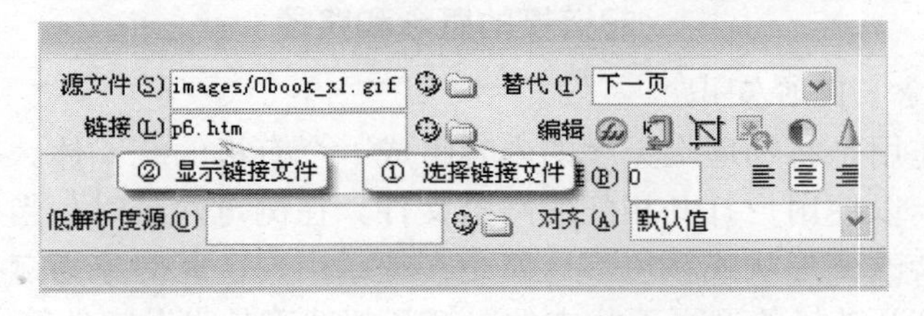

图 7.4　“属性”面板链接文件设置

（4）按 F12 键预览网页，在浏览器里光标移到超链接的地方就会变成手型。

跟我学　图片超链接的设置

（1）执行“文件—打开”命令，打开网页“index.asp”文件，单击“打开”按钮打开文件。

（2）在网页中插入图片并单击，用展开的“属性”面板上的绘图工具在画面上绘制热区，如图 7.5 所示。

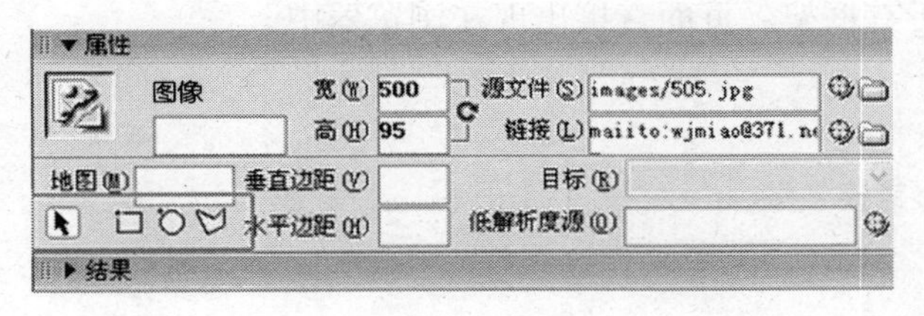

图 7.5　图像热区

（3）“属性”面板改换为“热点”面板，在链接框输入相应的链接，如图 7.6 所示。

图 7.6　“热点”面板

目标框：不作选择则默认在新浏览器窗口打开。替代框：输入提示的文字说明。

（4）保存页面，按 F12 键预览，用鼠标在设置的热区检验效果。

对于复杂的热区图形可以直接选择多边形工具来进行描画。替代框填写了说明文字以后，光标移上热区就会显示出相应的说明文字。

成长加油站

超链接的概念和路径

1．超链接的概念与路径知识

超链接的主要作用是将物理上无序的内容组成一个有机的统一体。超链接对象上存放某个网页文件的地址，以便用户打开相应的网页文件。在浏览网页时，当用户将光标移到文字或图像上时，光标会改变形状或颜色，这就是在提示用户：此对象为链接对象。单击这些链接对象，就可完成打开链接的网页下载文件、打开邮件工具收发邮件等操作。

2．超链接“属性”面板中的目标选项

“目标”可称为目标区，也就是超链接指向的页面出现在什么目标区域。默认情况下，目标中总有4个选项。

① _blank：单击链接以后，指向页面出现在新窗口中。

② _parent：用指向页面替换它外面所在的框架结构。

③ _self：将链接页面显示在当前框架中。

④ _top：跳出所有框架，页面直接出现在浏览器中。

代码解读

```
<a href="URL">链接名称</a>
```

过程评价

任务评估细则		学生自评	学习心得
1	电子邮件的超链接		
2	页面之间的超链接		

任务二　导航条超链接的设置

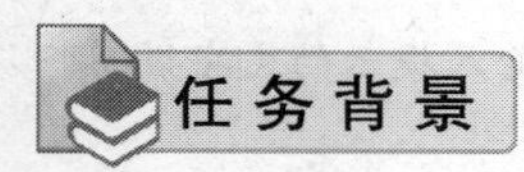

任务背景

在形形色色的网站建设中，在多彩多姿的网页制作中，各种导航栏的设置能够方便读者进行浏览，增加审美感。在本任务中，将学会在网页中指定的位置利用“导航条”命令插入并设置水平导航条的超链接。

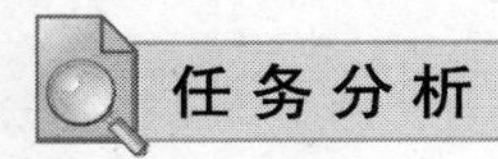

任务分析

- 插入并设置水平导航条
- 导航条超链接的设置

任务实施

跟我学

为脸谱艺术页面添加导航条，并设置超链接，效果如图 7.7 所示。

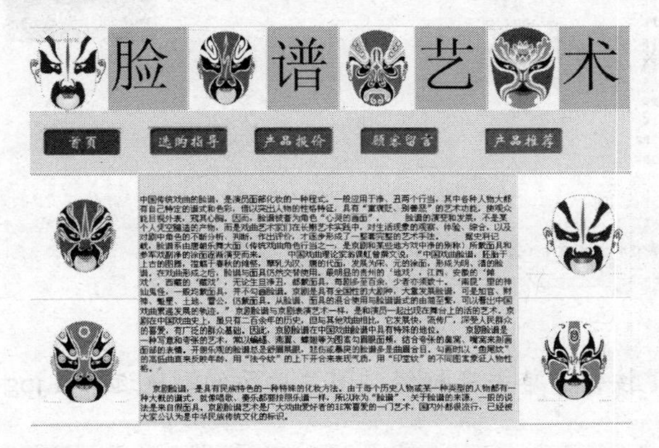

图 7.7　效果图

【操作步骤】

（1）打开 Dreamweaver CS3，设置上 IIS 并建好站点。插入脸谱素材，然后将光标放在第二行的表格中，如图 7.8 所示

图 7.8　导入素材

（2）单击常用菜单栏中 按钮右侧的下拉按钮，右键单击在下拉菜单选中导航条，然后弹出对话框如图 7.9 所示。

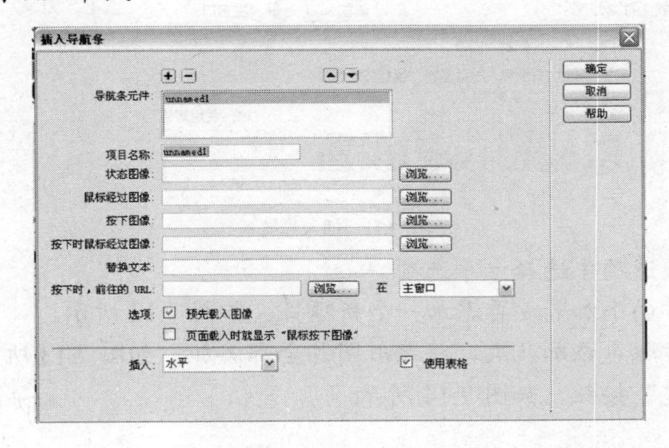

图 7.9　插入导航条

（3）单击状态图像后面的浏览，找到图像“1.jpg”，如图 7.10 所示。

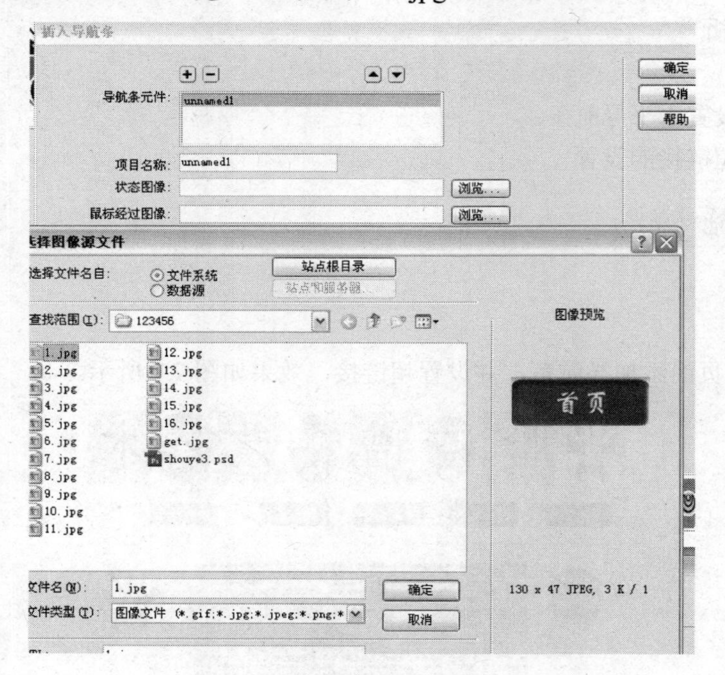

图 7.10　选择图像源文件

（4）单击“确定”按钮，单击鼠标经过图片后面的浏览选择 1.jpg，如图 7.11 所示。

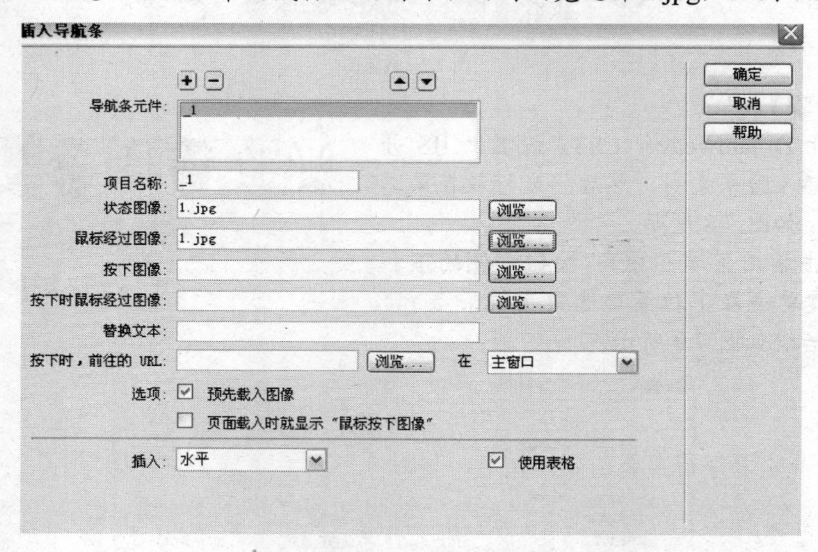

图 7.11　插入导航条

（5）在下方插入选项中选择水平选项 插入: 水平 。

（6）单击最上方的小加号 ⊞ 再添加一个新项目，如图 7.12 所示。

（7）按照上一步骤再添加几次，将导航图片全部添加，如图 7.13 所示。

（8）单击“确定”按钮，如图 7.14 所示。

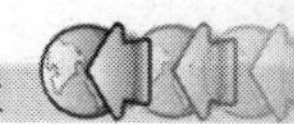

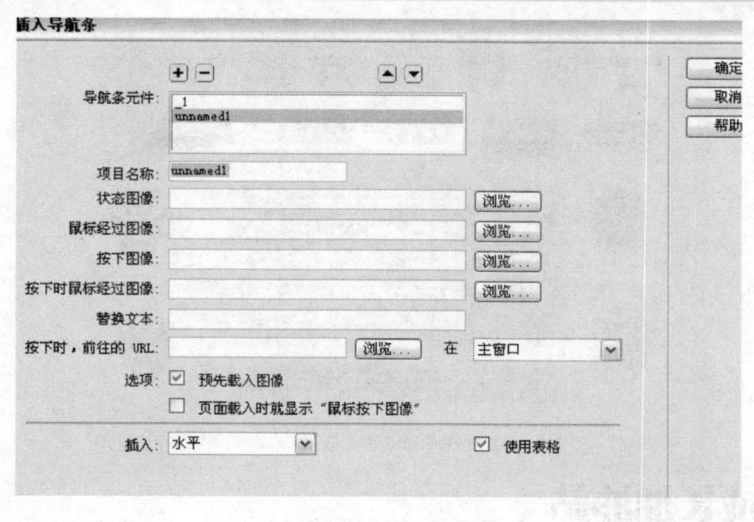

图 7.12　插入导航条

图 7.13　插入导航条

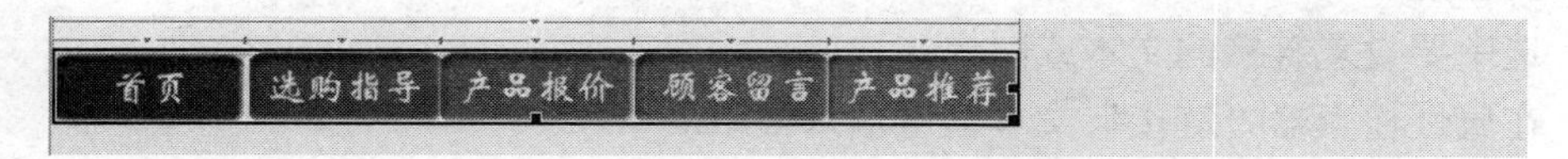

图 7.14　显示导航条

（9）将导航条调节得与表格一样大小，如图 7.15 所示。

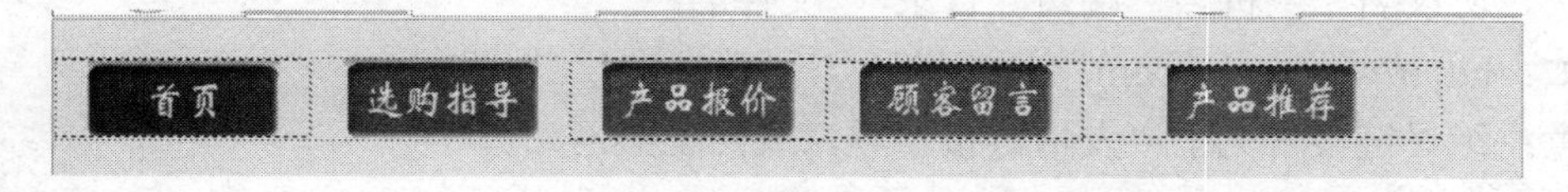

图 7.15　调节导航条

（10）按 Ctrl + S 快捷键保存，按 F12 键测试一下，效果如图 7.16 所示。

（11）选中“产品报价”，在链接栏的地址里输入要链接到的网页。

（12）保存并测试。

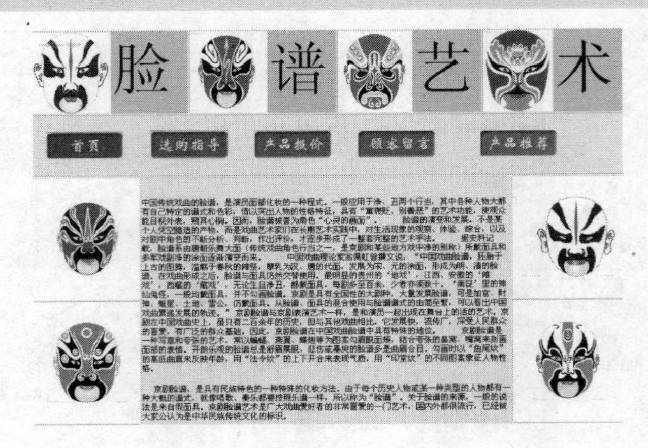

图 7.16　预览效果

成长加油站

超链接的分类

一、超链接的分类（按要链接的文件所处的位置分类）

- 绝对链接（链接的文件位于站点外）。
- 相对链接（链接的文件位于站点内）。
- 空链接（链接的文件是本身）。

注意：相对链接根据链接文件的参照点不同，又分为：

- 文档内绝对链接（链接文件的参照点是根目录）不支持预览。
- 文档内相对链接（链接文件的参照点是此文档所在文件夹）。

二、超链接的创建

1．绝对链接

（1）选中要设置链接的文本或图像。

（2）在属性检查器“链接”文本框中输入 URL。

注意：URL 是统一资源定位符。

格式：protocol://machine[:port]/directory/filename

　　　协议名　主机名　端口　目录　文件名

例如：http://www.sohu.com

注意：绝对链接常见于“友情链接”项，或网址类网站。

2．相对链接

（1）选中要设置链接的文本或图像。

（2）在属性检查器中，单击“浏览”按钮选择链接的文件。

在属性检查器中，拖曳“指向”按钮在站点列表中选择链接文件。

- 按住 Shift 键拖曳到站点列表中的链接文件。

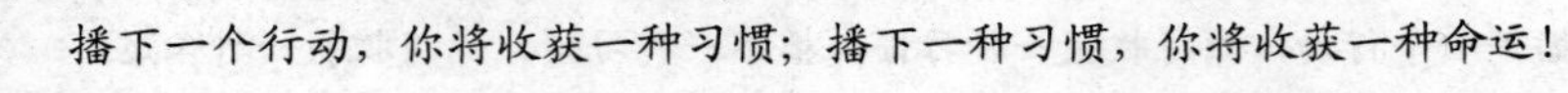

- 在属性检查器“链接”文本框中输入相对 URL 地址。

实践演练　青岛西海岸度假胜地

【效果图】

返回首页 | 友情链接 | 关于我们 | 公司部门 | 联系我们
青岛西海岸旅游圣地 Copyright@2005-2015
胶南市职业中专

【操作步骤】

（1）建立“课堂实践”网站文件夹，在站点文件夹下创建“11 超链接”文件夹，创建网页文档“11.html”。

（2）选中页面底部的文字“返回首页”设置超链接，链接的网页文档为“index.html”；同样为“关于我们”设置超链接，链接的网页文档为“02.html”；为“公司部门”设置超链接，链接的网页文档为“12.html”。

（3）为“联系我们”创建 E-mail 链接，E-mail 地址为 mailto:abc@126com。

（4）为图片“大珠山风景区（国家 AAAA 级景区）”创建超链接，链接的网页文档为“txcz.html”。

【操作提示】

先选中文字或图片，然后在“属性”面板的“链接”列表框中输入链接对象的路径和名称，也可以打开对话框选择链接的文件。

过程评价

任务评估细则		学生自评	学习心得
1	学会插入导航条		
2	导航条超链接的设置		
3	课堂实践		

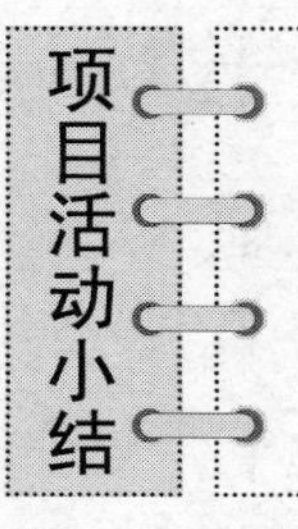

项目活动小结

通过本项目的学习能够对插入超链接有一个全面的了解，认识到网站设计是一个系统的工程，需要具备多方面的能力。

- 要注意培养自己的审美能力；
- 要注意培养自己沟通和分析问题的能力。

项目活动八

网页中的动感元素

项目活动描述

在网页中除了可以输入文本和添加图像外，还可以添加 Flash 动画、音乐等动态元素，从而使网页更具动感效果，使网页内容更加丰富。

通过学习本项目，要能够在网页中熟练插入 Flash 文本、Flash 动画及 Shockwave 影片，让创建的网页更具动感效果，更能吸引人们的眼球。

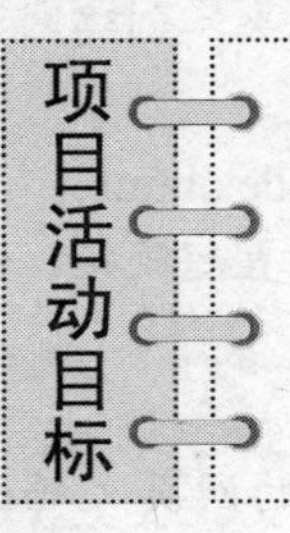

- 添加 Flash 文本
- 添加 Flash 动画
- 添加 Shockwave 影片

任务一 Flash 文本

任务背景

在网页文件中，有效插入 Flash 文本，能增加网页的动感效果，吸引更多的浏览者。Flash 文本是指只包含文本的 Flash 影片，Flash 文本可使用户利用自己选择的设计字体创建较小的矢量图形影片。

任务分析

- Flash 文本的插入
- 设置正确的参数

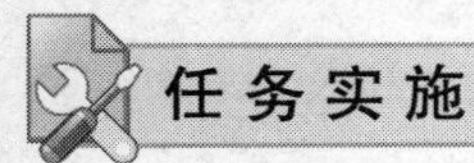

在已建好的网页中，根据需要插入 Flash 文本。

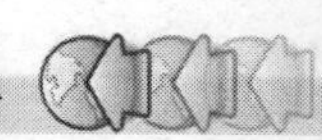

跟我学　Flash 文本的插入

【操作步骤】

（1）打开 Dreamweaver 软件，新建文件并保存页面。

提示　要保存的文件夹不可以用中文名命名。

（2）插入 Flash 文本并输入参数，如图 8.1 所示。

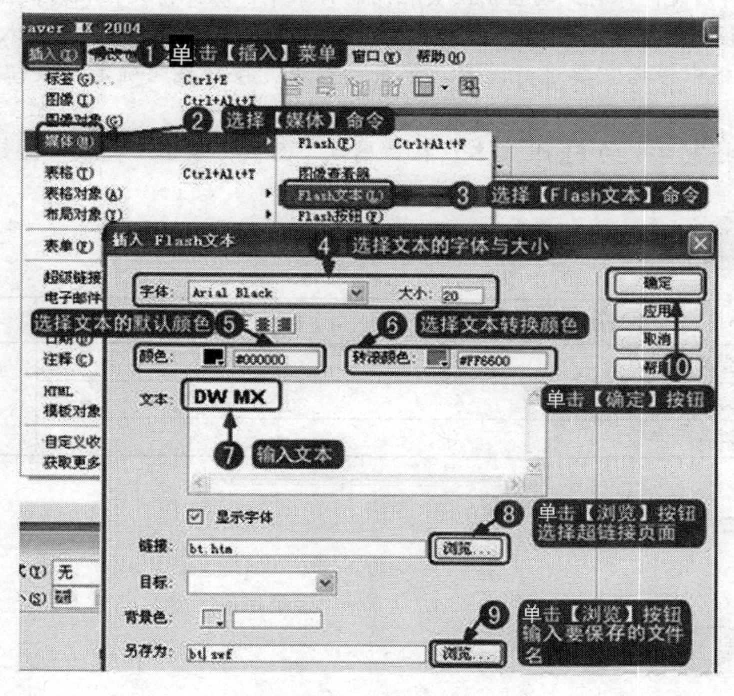

图 8.1　插入 Flash 文本

（3）保存文件，完成操作。Dreamweaver 可以快速制作简单的 Flash 文件，如果对制作的 Flash 效果要求不高，不妨考虑这种方法。

成长加油站

插入 Flash 文本对象

插入 Flash 文本对象的具体操作如下。

（1）在文档窗口的“设计”视图中，将插入点放置在想要插入 Flash 文本的位置。

（2）通过以下两种方法启用“Flash 文本”命令，弹出“插入 Flash 文本”对话框。

① 在“插入”面板的“常用”选项卡中，单击“媒体”展开式工具按钮，选择“Flash 文本”选项。

② 执行“插入记录—媒体—Flash 文本”命令。

对话框中各选项的作用如下。

字体：设置具有悬停效果的文本的大小。

大小：在数值框中输入 Flash 文本的大小。

按钮：设置文本的对齐方式和效果。

颜色：设置 Flash 文本的初始颜色。

链接：在文本框中输入该 Flash 文本要链接网页的弹出位置。

背景：设置 Flash 文本的背景颜色。

另存为：在文本框中输入新 SWF 文件的文件名。但要注意，如果该文件包含文档相对链接，则用户必须将该文件保存到与当前网页相同的目录中，以保持文档相对链接的有效性。

（3）在对话框中根据需要进行设置，单击“应用”按钮，将 Flash 文本插入文档窗口中。

（4）在对话框中根据需要进行设置，单击“应用”按钮或“确定”按钮，将 Flash 文本插入文档窗口中。

（5）选中文档窗口中的 Flash 文本，在“属性”面板中单击“播放”按钮测试结果。

过程评价

任务评估细则		学生自评	学习心得
1	学会第一种方法		
2	学会第二种方法		
3	理解各项参数		

任务二　Flash 按钮

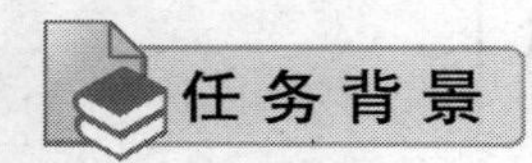

任务背景

在创建任何网站站点页面之前，都要对网站进行合理的设计和规划，在网页中插入 Flash 的动画按钮能够给网站带来动感，这让不少浏览者觉得十分有趣；同时也为网站增加了许多访客，提高了网页的浏览量。

任务分析

- 掌握 Flash 按钮的插入
- 理解几种方法的操作

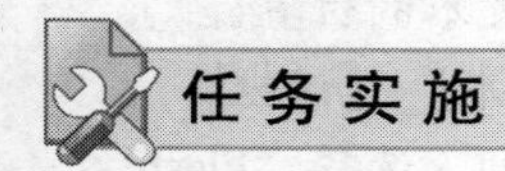

任务实施

在已建好的网页中，根据需要插入 Flash 按钮。

跟我学　Flash 按钮的插入

【操作步骤】

（1）打开 Dreamweaver 软件，新建文件并保存页面。

提示 要保存的文件夹不可以用中文名命名。

（2）插入 Flash 按钮并设置参数，如图 8.2 所示。

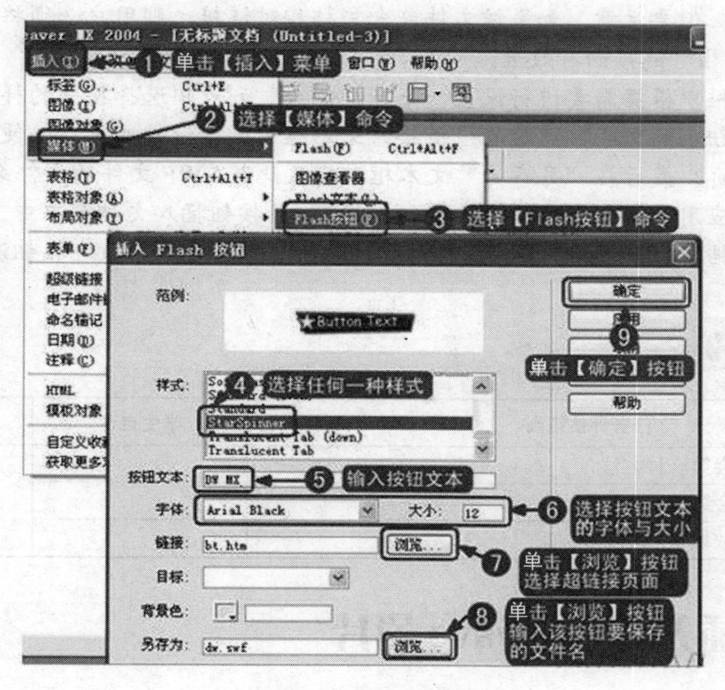

图 8.2 插入 Flash 按钮

（3）保存文件，完成操作，按 F12 键预览。

成长加油站

插入 Flash 按钮

插入 Flash 按钮的具体操作步骤如下：

（1）在文档窗口的“设计”视图中，将插入点放置在想要插入 Flash 按钮的位置。

（2）通过以下两种启用“Flash 按钮”命令，弹出“插入 Flash 按钮”对话框。

① 在“插入”面板的“常用”选项卡中，单击“媒体”展开式工具按钮，选择“Flash 按钮”选项。

② 执行“插入记录—媒体—Flash 按钮”命令。

对话框中各选项的作用如下。

样式：列表中提供了多种按钮样式。当用户选择某个样式后，在“范例”效果框中会显示此按钮的效果。

按钮文本：在文本框中输入要在按钮上显示的文本。

字体：选择按钮上显示的字体。

大小：在数值框中输入按钮上显示文本的大小。

链接：在文本框中输入该按钮要链接文档的相对路径或绝对路径。

目标：在下拉列表中指定链接网页的弹出位置。

背景色：设置 Flash SWF 的背景颜色。

另存为：在文本框中输入新 SWF 文件的文件名。可使用默认文件名（如 buttom.swf）或输入新文件名。但要注意，如果该文件包含文档相对链接，则用户必须将该文件保存到与当前 HTML 文档相对链接的有效性。

（3）在对话框中根据需要进行设置。先在“样式”列表中选择按钮的样式，在“按钮”文本框中输入按钮上的文字，然后在“链接”文本框中选择链接网页，以便浏览者单击此按钮时能浏览该网页，最后在“另存为”文本框中输入此新 SWF 文件的文件名。

（4）单击“应用”按钮或“确定”按钮，将 Flash 按钮插入文档窗口中。

（5）选中文档窗口中的“Flash”，在“属性”面板中单击“播放”按钮测试效果。

过程评价

任务评估细则		学生自评	学习心得
1	学会第一种方法		
2	学会第二种方法		
3	参数设置		

任务三 插入 Shockwave 影片

任务背景

在网页中插入 Flash 文本、插入 Flash 按钮，都能给网页增加动感效果，那么在网页中能不能插入 Shockwave 影片呢？接下来我们共同完成这个任务吧！

Shockwave 是 Web 上用于交互式多媒体的 Macromedia 标准，是一种经压缩的格式，它使得在 Macromedia Director 中创建的多媒体文件能够被快速下载，而且可以在大多数常用浏览器中进行播放。

任务分析

- 掌握 Shockwave 影片的插入
- 理解几种方法的操作

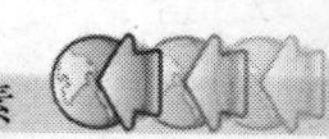

任务实施

在编辑好的网店页面中插入Shockwave。

跟我学　Shockwave的插入

【操作步骤】

编辑“网店”页面

（1）打开“wangdian.html”素材文件，将光标定位到本站导航下的单元格内。

（2）在其中插入“耳环”、“项链”、“戒指”、“手机饰品”与“其他饰品”5个Flash按钮，并设置按钮的字体格式为“幼圆”、“14像素（px）”和样式为“Soft-Light blue”，如图8.3所示。

（3）将光标定位到店主推荐下的单元格中，执行“插入记录—表格”命令，在其中插入一个8行3列、宽度为“725像素（px）”的嵌套表格，如图8.4所示。

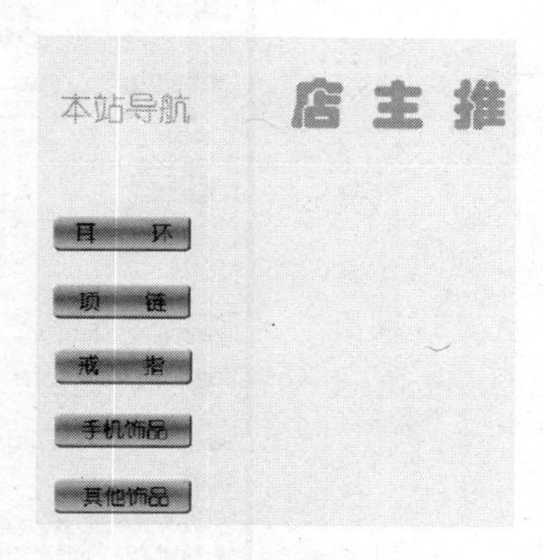

图8.3　编辑网店页面

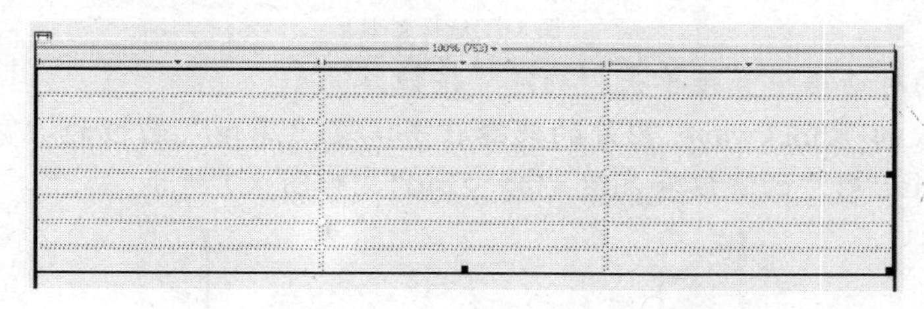

图8.4　插入表格

（4）在第一行与第五行的单元格中插入素材文件夹中的图片，设置图片的宽度与高度都为“141”，对齐方式为“居中对齐”。

（5）在第二、三、四、六、七、八行的单元格中插入饰品的说明文本，并设置其字体格式为“宋体”、“12号”和“#ff0000”，如图8.5所示。

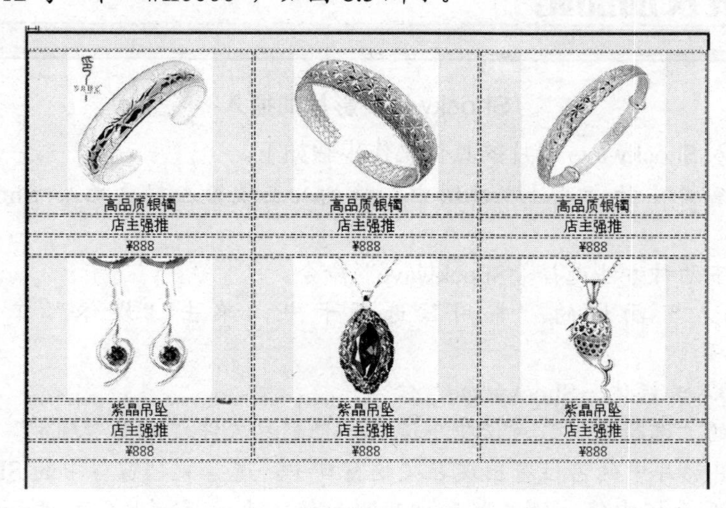

图8.5　设置字体

（6）选择“插入记录”中“媒体”的“Shockwave”命令。

（7）在打开的“选择文件”对话框中选择插入的 Shockwave 影片文件 “图片.dcr”，单击“确定”按钮，如图 8.6 所示。

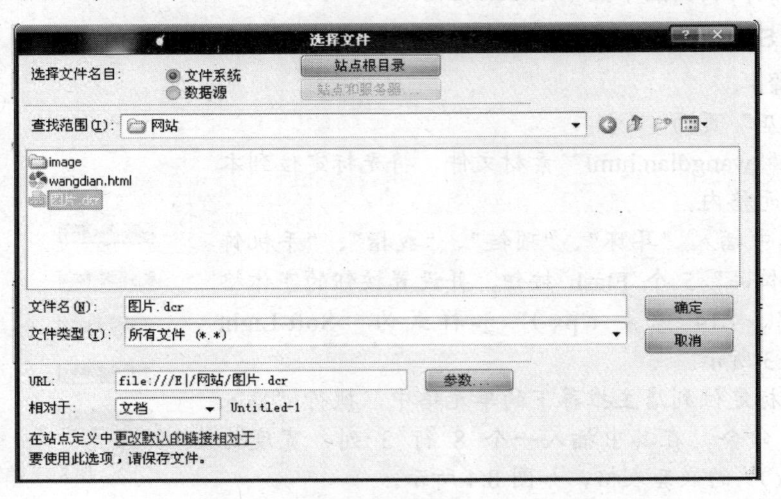

图 8.6　选择文件

（8）在打开的对话框中直接单击“确定”按钮。

（9）保持插入的 Shockwave 影片的选择状态，在“属性”面板的“宽”和“高”文本框中设置 Shockwave 影片的宽度和高度都为“240”，如图 8.7 所示。

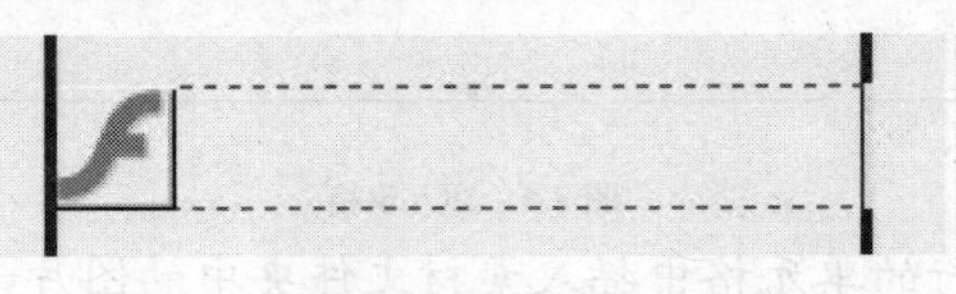

图 8.7　插入 Shockwave

（10）保存网页并预览，至此完成本例的制作。

成长加油站

Shockwave 影片的插入

在网页中插入 Shockwave 影片的具体操作步骤如下。

（1）在文档窗口中的“设计”视图中，将插入点放置在想要插入 Shockwave 影片的位置。

（2）通过以下两种方法选择“Shockwave”命令。

① 在“插入”面板的“常用”选项卡中，单击“媒体”工具按钮，选择“Shockwave”选项。

② 执行“插入—媒体—Shockwave”命令。

（3）在弹出的“选择文件”对话框中选择一个影片文件，单击“确定”按钮完成设置。此时，Shockwave 影片中的占位符出现在文档窗口中，选择文档窗口中的 Shockwave 影片占位符，在“属性”面板中修改“宽”和“高”的值，来设置影片的宽度和高度，单击“播

放”按钮。

代码解读　Flash 动画标记

```
<OBJECT classid="clsid:D27CDB6E-AE6D-11cf-96B8-444553540000"codebase="http://download.macromedia.com/pub/shockwave/cabs/flash/swflash.cab#version=6,0,40,0"WIDTH="550" HEIGHT="400" id="myMovieName">
<PARAM NAME=movie VALUE="myFlashMovie.swf">
<PARAM NAME=quality VALUE=high>
<PARAM NAME=bgcolor VALUE=#FFFFFF>
<EMBED src="/support/flash/ts/documents/myFlashMovie.swf"quality=high bgcolor=#FFFFFF WIDTH="550" HEIGHT="400" NAME="myMovieName" ALIGN=""TYPE="application/x-shockwave-flash"
PLUGINSPAGE="http://www.macromedia.com/go/getflashplayer">
</EMBED>
</OBJECT>
```

实践演练　青岛西海岸度假胜地

【效果图】

【操作步骤】

（1）建立“课堂实践”网站文件夹，在站点文件夹下创建“10 动感元素”文件夹，创建网页文档“10.html”。

（2）在页面的中部插入 1 个层，层中插入“10.swf” flash 动画。

【操作提示】

插入 flash 动画后，必须将 flash 动画的背景颜色设置为透明。

过程评价

	任务评估细则	学生自评	学习心得
1	第一种方法		
2	第二种方法		
3	课堂实践		

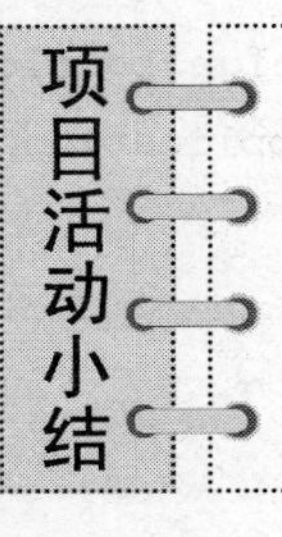

通过本项目的学习能够对在网页中插入动感元素有一个全面的了解，能够增强网页的美感，提高浏览量；

- 要注意培养自己的审美能力；
- 要注意培养自己解决多种问题的能力。

项目活动九

模板和库

项目活动描述

每个网站都是由多个整齐、规范、流畅的网页组成的。为了保持站点中网页风格的一致，需要在每个网页中制作一些相同的内容，如相同栏目下的导航条、各类图标等。利用 Dreamweaver 提供的模板和库功能，可实现上述操作。

本项目的教学目的就是要让网页制作者能快捷地制作网页和提高网页设计的工作效率。主要讲解模板的创建，编辑区的设定，如何利用模板快速批量创建新的页面以及库元素的创建、使用和修改，以便为网站的制作、更新以及日后的升级做好准备。

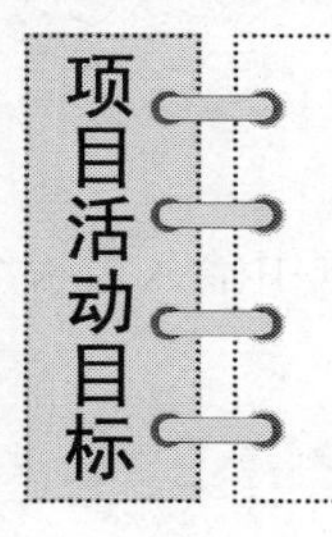

- 学会在网页制作时创建模板。
- 学会应用模板快速地制作网页。

任务一 模板的创建

任务背景

在 Dreamweaver 软件中使用模板和在 Word 软件中使用模板一样，既可以利用模板制作风格一致的网页，也可以通过模板来对所有基于模板建立的网页进行修改和更新。

任务分析

- 掌握建立模板的方法
- 学会利用模板制作网页的方法
- 案例任务

任务实施

跟我学　模板的创建和方法

（1）在资源面板（见图 9.1）中单击按钮，然后单击下方的，可以在面板中为模板命名。双击模板名称，便在编辑区打开了空白模板，如图 9.2 所示。

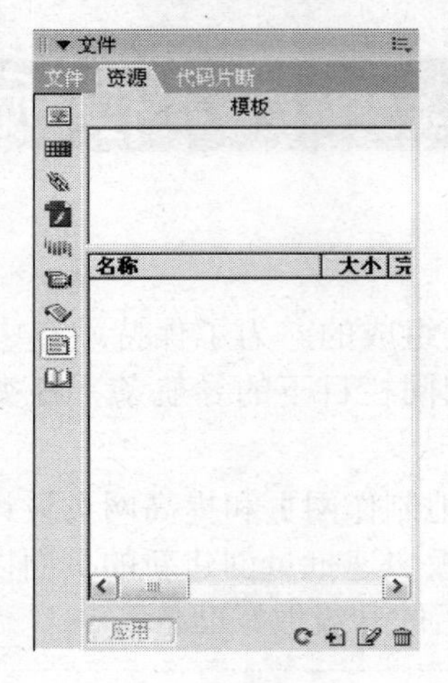

图 9.1　资源面板

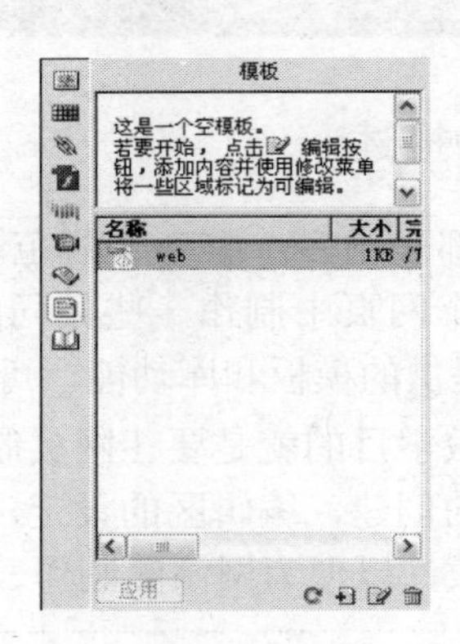

图 9.2　空白模板

（2）打开要制作成模板的网页文件，如 index.htm 文件，如图 9.3 所示。

（3）执行“文件—另存为模板”命令，选择一个站点，在“另存为”框中输入模板名称，再单击“保存”按钮，即可完成新模板的建立，如图 9.4 所示。

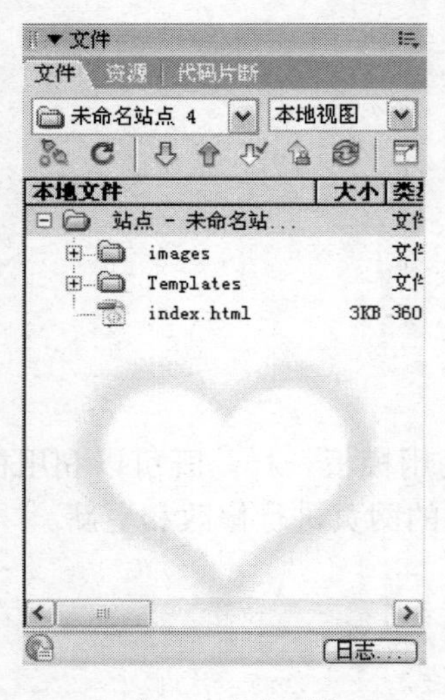

图 9.3　文件面板

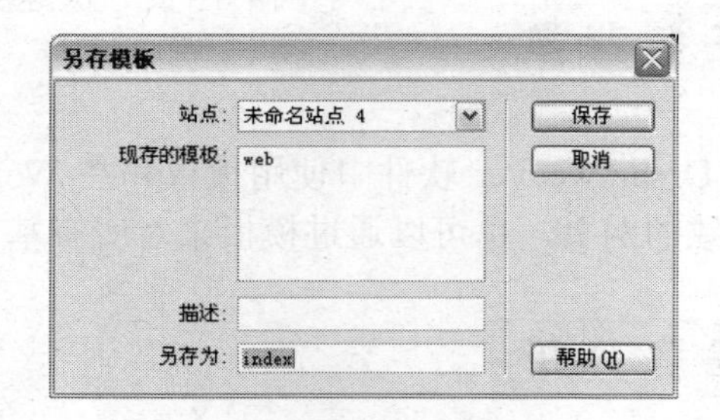

图 9.4　“另存模板”对话框

（4）将“未命名站点 4”网页中的网站标志、BANNER、导航栏、公告栏、友情链接、本站图标以及版权说明等每个页面的共同部分都做到模板文件中，如图 9.5 所示。

图 9.5　　制作模板的部分

成长加油站

模板相关成长

一、模板简介

1．定义

模板是一个带有固定内容和格式的文档，是用户批量创建文档和更新文档的基础。

2．用途

批量制作风格一致内容不同的网页并快速更新。

二、创建模板

1．新建模板

创建空白模板:按 F11 键打开资源管理面板/模板，单击“新建”按钮。

将已有文件另存为模板：文件/另存为模板。

注意：模板文件扩展名为.dwt，保存在 Templates 文件夹中。

2．定义可编辑区

- 可编辑区：由模板创建的文档可以编辑的区域。
- 锁定区：由模板创建的文档不可编辑的区域。

注意：新建模板，默认没有可编辑区。

定义可编辑区时应该注意以下问题。

- 可编辑区可以用表格、单元格、层。
- 如果多个单元格定义为可编辑区，要分开定义。
- 必须指定可编辑区，否则由模板生成的网页不能被修改。
- 可编辑区和锁定区是在模板中定义的。

3．保存

怎样在 Dreamweaver 中创建空模板？

（1）使用“新建文档”对话框来创建 Dreamweaver 模板。在默认情况下，模板将保存在站点的 Templates 文件夹中。

（2）执行“文件—新建”命令，在“新建文档”对话框中，选择“空模板”类别。

从“模板类型”列中选择要创建的页面类型。例如，选择 HTML 模板来创建一个纯 HTML 模板，选择 ColdFusion 来创建一个 ColdFusion 模板等。

如果希望新页面包含 CSS 布局，请从“布局”列中选择一个预设计的 CSS 布局；否则，选择“无”。基于选择，在对话框的右侧将显示选定布局的预览和说明。

预设计的 CSS 布局提供了下列类型的列。

固定：列宽是以像素指定的。列的大小不会根据浏览器的大小或站点访问者的文本设置来调整。

液态：列宽是以站点访问者的浏览器宽度的百分比形式指定的。如果站点访问者将浏览器变宽或变窄，该设计将会进行调整，但不会基于站点访问者的文本设置来更改列宽度。

从“文档类型”弹出菜单中选择文档类型。在大多数情况下，所选的文档类型保留为默认选择，即 XHTML 1.0 Transitional。

（3）从“文档类型”菜单中选择一种 XHTML 文档类型定义使页面符合 XHTML。例如，可从菜单中选择“XHTML 1.0 Transitional”或“XHTML 1.0 Strict”，使 HTML 文档符合 XHTML 的规范。XHTML（可扩展超文本标记语言）是以 XML 应用的形式重新组织的 HTML。通常利用 XHTML，可以获得 XML 的优点，同时还能确保 Web 文档的向后和向前兼容性。

注意：有关 XHTML 的详细信息，请访问 WWW 联合会（W3C）Web 站点，它包含有关 XHTML 1.1 - 基于模块的 XHTML 和 XHTML 1.0 的规范以及针对基于 Web 的文件和本地文件的 XHTML 验证程序站点。

如果在“布局”列中选择了 CSS 布局，则从“布局 CSS 位置”弹出菜单中为布局的 CSS 选择一个位置。

（4）添加到文档头。将布局的 CSS 添加到要创建的页面头中。

（5）新建文件。将布局的 CSS 添加到新的外部 CSS 样式表并将新的样式表附加到要创建的页面中并链接到现有文件。

可以通过此选项指定已包含布局所需的 CSS 规则的现有 CSS 文件。为此，请单击“附加 CSS 文件”窗格上方的“附加样式表”图标，并选择一个现有 CSS 样式表。当希望在多个文档上使用相同的 CSS 布局（CSS 布局的 CSS 规则包含在一个文件中）时，此选项特别有用。

如果要创建一个页面，只要保存它，就会对该页面启用 InContext Editing，则选择“启用 InContext Editing”。启用了 InContext Editing 的页面一定至少有一个可指定为可编辑区域的 div 标签。例如，如果选择了 HTML 页面类型，则必须为新页面选择某个 CSS 布局，因为这些布局已包含预定义的 div 标签。自动将 InContext Editing 可编辑区域放置在含有 Content ID 的 div 标签上，以后在需要的时候可以向页面添加更多可编辑区域。

如果要设置文档的默认首选参数（如文档类型、编码和文件扩展名），单击“首选参数”。

如果要打开可在其中下载更多页面设计内容的Dreamweaver Exchange，单击“获取更多内容”，再单击“创建”按钮。

（6）保存新文档（“文件”＞“保存”）。如果还没有向模板添加可编辑区域，则会出现一个对话框，告诉用户文档中没有可编辑的区域，单击“确定”按钮关闭该对话框，在“另存为”对话框中，选择一个保存模板的站点。在“文件名”框中，输入新模板的名称，不需要在模板名称后附加文件扩展名。单击“保存”按钮时，.dwt扩展名将附加到新的模板，该模板保存在站点的Templates文件夹中。

注意：不要在文件名和文件夹名中使用空格和特殊字符，文件名也不要以数字开头。具体地说，就是不要在将放到远程服务器上的文件名中使用特殊字符（如é、ç或￥）或标点符号（如冒号、正斜杠或句点）；很多服务器在上传时会更改这些字符，这会导致与这些文件的链接断开。

感悟创新

网页制作中的模板和Word、Excel中的模板作用是否相同，使用方法是否一样？

过程评价

任务评估细则		学生自评	学习心得
1	新建模板的方法		
2	利用模板制作网页的方法		
3	对所学知识应用在案例中的情况		

任务二　应用模板制作网页

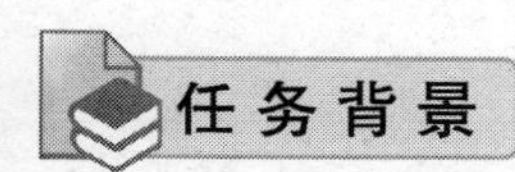

任务背景

学会在网页中创建和保存模板后，就要去应用模板制作和刷新网页了。

任务分析

- 利用模板制作网页的方法
- 利用模板更新网页的方法

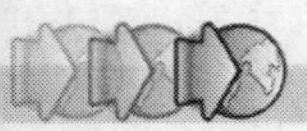

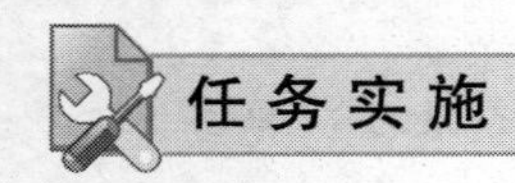

跟我学 快速制作绿色食品网页

【操作步骤】

利用已经建立好的模板新建和刷新网页。

（1）在资源面板中单击按钮，然后单击下方的，可以在面板中为模板命名，双击模板名称，便在编辑区打开了空白模板。

（2）打开要制作成模板的网页文件，如 index.htm 文件。

（3）建立网页。执行“文件—新建”命令，在“从模板中新建”对话框中打开“模板”选项卡，选择相应的模板，再单击 创建(R) 按钮，也可创建基于模板的网页，如图 9.6 所示。

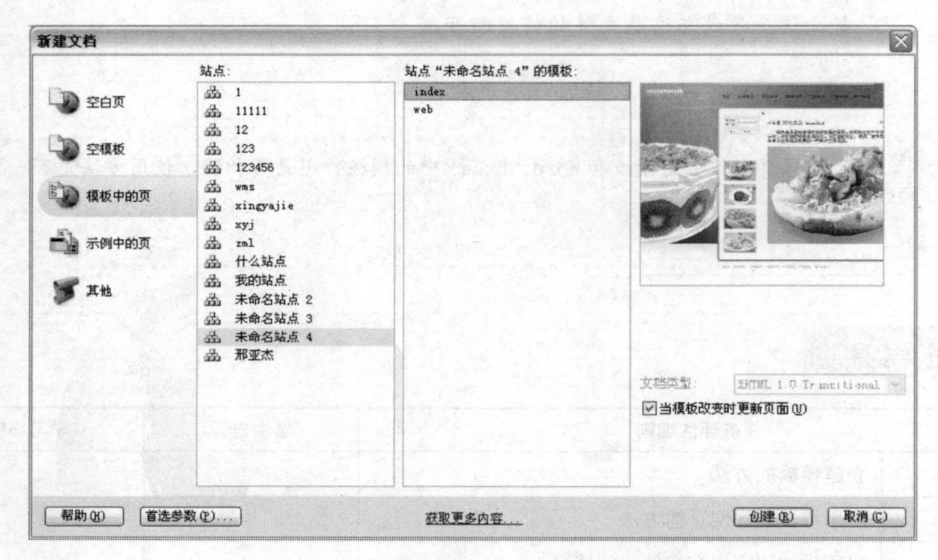

图 9.6 “新建文档”对话框

至此，模板页面创建完成。

（4）通过更新模板来更新网页。模板创建好后，也可以根据自己的需要随时进行修改。当模板被修改后，其他引用了该模板的页面也会同时被修改。这样就省去了一个一个修改页面的麻烦。

方法：在“模板面板”中双击要修改的模板将它打开，修改模板锁定的内容（不要对“可编辑区域”标记进行修改，然后按 Ctrl + S 快捷键保存模板）。这时会弹出“更新模板文件”对话框，单击“更新”按钮，更新页面，如图 9.7 所示。

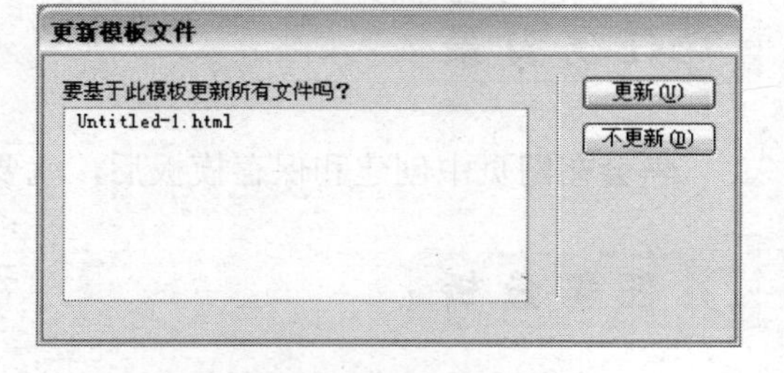

图 9.7 “更新模板文件”对话框

如果修改模板时不更新网页，那么以后也可以执行“修改—模板—更新网页”命令对网页进行更新，弹出的也是“更新网页”对话框，选择相应的站点，单击“开始”按钮即可。

应当仔细地观察，为的是理解；应当努力地理解，为的是行动。——罗曼·罗兰

成长加油站

一、用模板创建网页

（1）打开模板面板，在面板菜单中选择“从模板中新建”。

（2）在可编辑区中修改页面即可。

（3）重复执行即可批量创建风格一致内容不同的网页。

二、利用模板更新页面

更改模板后保存，会更新所有由模板创建的页面。

三、与模板脱离

（1）修改/模板/从模板中分离。

（2）脱离后成为普通网页，失去与模板的联系，不再有可编辑区和锁定区之分。

过程评价

任务评估细则		学生自评	学习心得
1	应用模板制作网页的方法		
2	应用模板更新网页的方法		
3	完成任务中应用的知识点		

任务三　库在网页制作中的应用

任务背景

用 Dreamweaver 制作网页，还有一种技术可以帮网页制作者减少很多琐碎重复的工作，这就是库。库类似于网页中的一个元件，但这个元件是用户创建的，且是其他各种页面元素的集合，如一张照片、一个表格、一个动画等。改动一个库的内容，就可以更新所有使用这个库的网页。

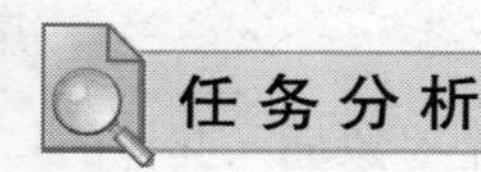

任务分析

- 了解什么是库
- 掌握建立、修改和取消库的方法

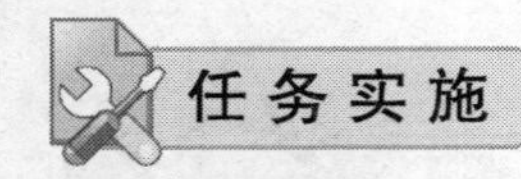

任务实施

跟我学 库的应用

【操作步骤】

（1）打开 Dreamweaver 软件，打开 intex.htm，选中整个导航栏表格，如图 9.8 所示。

图 9.8 导航栏表格

（2）打开资源面板中的库资源，单击库面板中的，导航栏表格就会被添加到库的资源列表中，将名称“无标题”改成“daohang”，如图 9.9 所示。

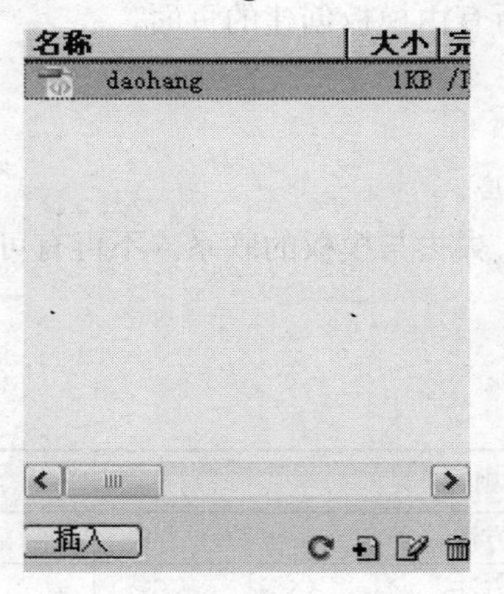

图 9.9 库面板

（3）将导航的内容插入新建的库里面。

（4）单击下方的编辑按钮。

（5）然后在这里面修改导航。

（6）保存后用库将站点导航修改即完成。

成长加油站

库的基础知识

1．库的定义

库是一种用来存储想要在整个网站上经常重复使用或更新的页面元素（如图像、文本、动画等其他网页元素）的方法。这些元素称为库项目。

2．库的作用

库文件的作用是将网页中常常用到的对象转换为库文件，然后作为一个对象插入其他的网页之中。这样就能够通过简单的插入操作创建页面内容。模板使用的是整个网页，库文件只是网页上的局部内容。

实践演练　青岛西海岸度假胜地

【效果图】

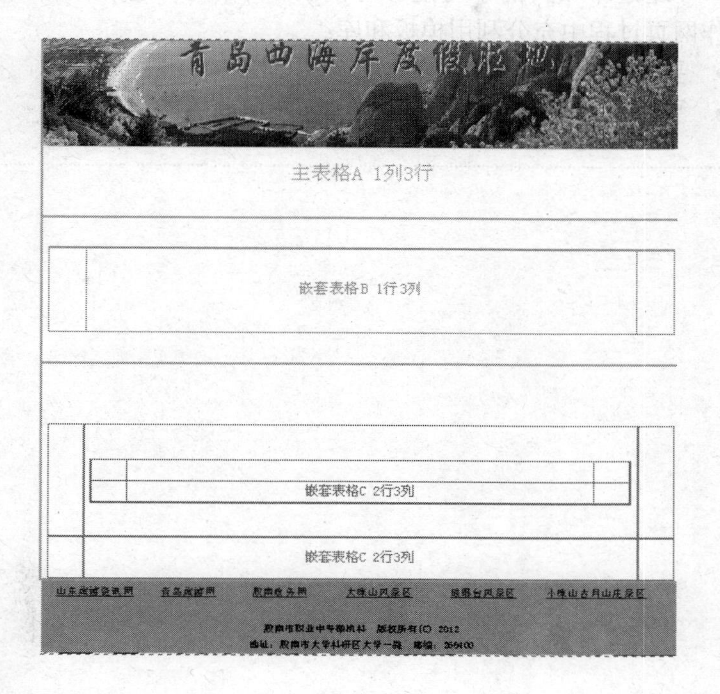

【操作步骤】

（1）在“课堂实践”站点中创建模板文档“09.dwt”。

（2）在“课堂实践”站点中创建库文件“09.lbi”。

（3）在“课堂实践”站点文件夹“09 模板和库”中创建基于模板 09.dwt 的网页文档“09.html”，并且在该网页中插入库“09.lbi”。

【操作提示】

（1）先创建一个网页文档“09.html”，然后将该网页文档保存为模板文档“09.dwt”，接着在模板文档“09.dwt”中选中主表格 A，插入可编辑区域。

（2）创建基于模板的网页文档“09.html”，在可编辑区域中输入文本、插入图片。

（3）在网页文档“09.html”中的主表格 A 下面插入库。

（4）保存网页文档，浏览其效果。

过程评价

任务评估细则		学生自评	学习心得
1	库的定义		
2	库的作用		
3	库的应用		
4	课堂实践		

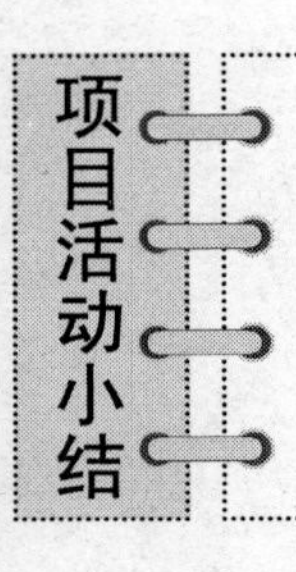

通过本项目的学习能够对模板和库有一个全面的了解，能够在制作网页过程中充分利用模板和库；

- 要注意培养自己的审美能力；
- 要注意培养自己发现、分析和解决问题的能力。

项目活动十

表单页面设计与制作

项目活动描述

生活中需要填写各种各样的表格，如在银行填写存款单、在学校里填写入学登记表、在邮局里填写包裹单等。而网络上的表单就类似于生活中填写的各种表格。表单的作用就是收集用户的信息。交互式表单是表单的一种，它的作用是收集用户的信息，并将其提交到服务器，从而实现与客户的交互，如注册表、调查表、订单。利用表单可以帮助 Internet 服务器从用户处收集用户信息，如收集用户资料、获取用户订单，也可以实现搜索接口。在 Internet 上存在大量表单，让用户输入文字或进行选择。很多人应该都申请过免费的 E-mail 邮箱，用户必须在网页中输入账号和密码，才能进入自己的邮箱中，这些都是表单的具体应用。在本项目中将制作一个个人信息调查表。

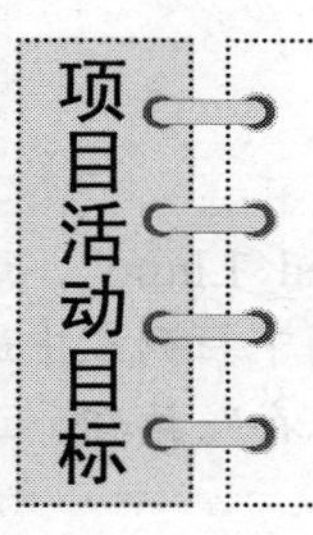

- 熟悉常用的表单元素及功能。
- 熟练掌握插入各种表单元素及其属性的设置方法。

任务　表单的制作

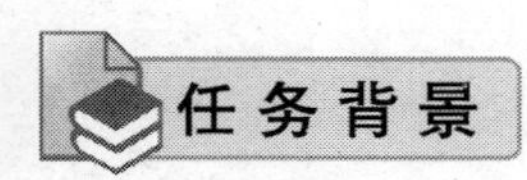

网络最有趣的特点之一是它与人的可交互性，到目前为止，本书主要介绍了 HTML 网页的静态特性。而使用表单可以动态收集用户数据，为处理各类复杂的用户需求提供基础，从而增强网页的交互性。表单是网站中大量使用的元素。表单页面可以执行用户的信息调查，HTML 提供的表单只是起到信息载体的作用，在实际应用中表单还需要和后台处理程序相配合，才能完成页面功能。

任务分析

- 插入各种表单元素及其属性的设置方法
- 熟练制作表单

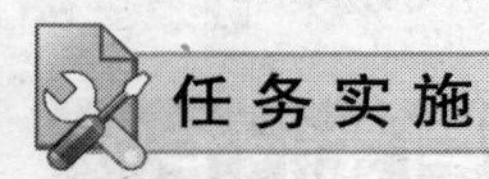

任务实施

利用 Dreamweave 中的表单知识，制作出如图 10.1 所示的网络调查表。

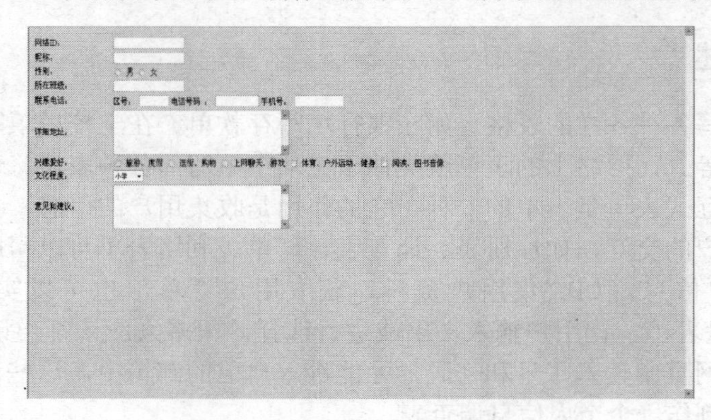

图 10.1 网络调查表

跟我学 网络调查表的制作

【操作步骤】

1. 新建一个空白文档

启用 Dreamweaver，新建一个空白文档。新建页面的初始名称是“Untitled_1.html”，选择“文件”中的“保存”命令，弹出“另存为”对话框，在“保存在”选项的下拉列表中选择站点目录保存路径，在“文件名”选项的文本框中输入“index”，单击“保存”按钮，返回到编辑窗口。

2. 修改背景颜色

为了使页面美观，要修改背景颜色，执行“修改—页面属性”命令，弹出“页面属性”对话框，修改背景颜色为任意颜色，然后单击“确定”按钮，如图 10.2 所示。

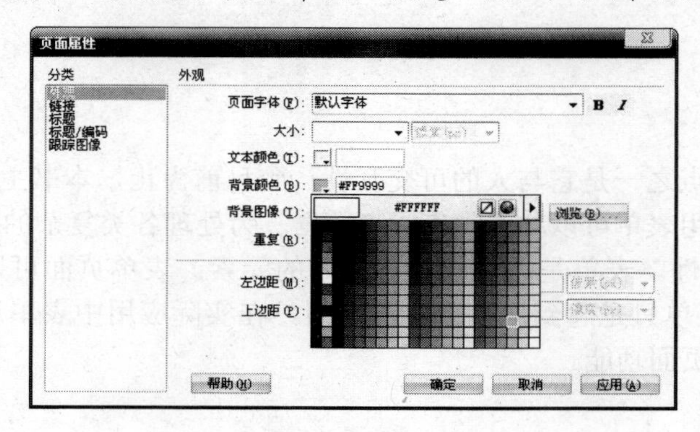

图 10.2 “页面属性”对话框

3. 插入表单

在“插入”面板的“表单”选项卡中单击“表单”按钮，如图 10.3 所示。

图 10.3　插入表单

4. 插入表格

在“插入”面板的“常用”选项卡中单击“表格”按钮，在弹出的“表格”对话框中进行设置，如图 10.4 所示。

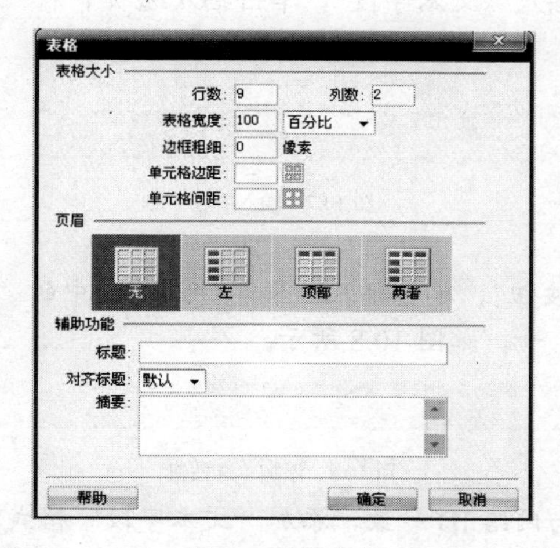

图 10.4　插入表格

把行数改为“9”，列数改为“2”，然后单击“确定”按钮，如图 10.5 所示。

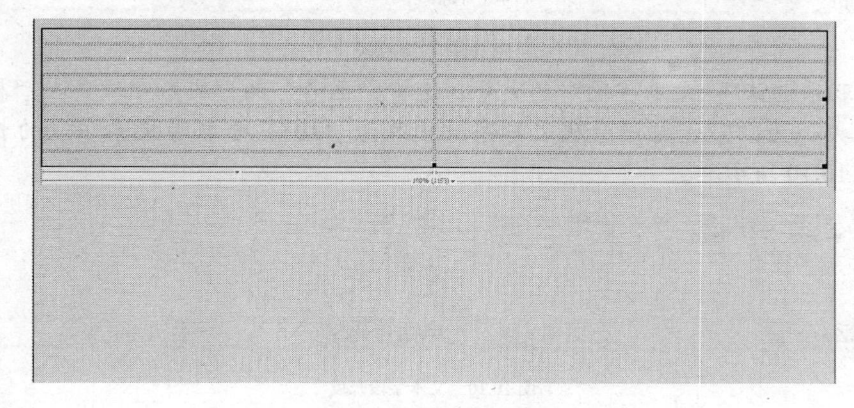

图 10.5　修改行数和列数

因为制作的是网络调查表，所以要在表格中填写要调查的内容，在表格的第一列填写如图 10.6 所示内容，也可以按照需要填写。

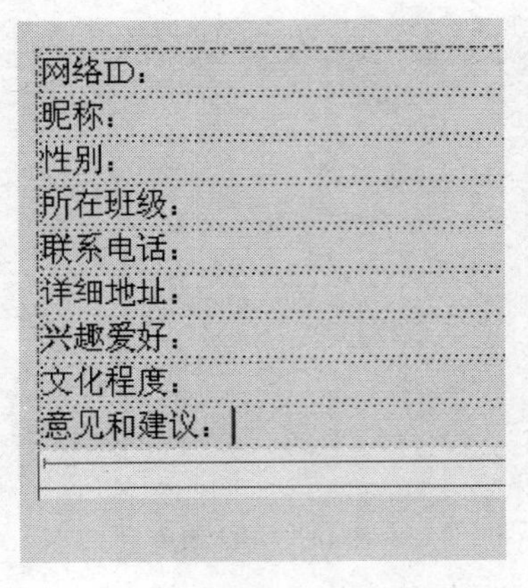

图 10.6　第一列内容显示

5. 依次插入表单各个元素

在第一行的第二列中插入“文本字段”，单击插入选项卡中“表单”中的“文本字段”，如图 10.7 所示。

图 10.7　输入内容

昵称一栏也是一样。

性别一栏添加“单选按钮”，单击插入选项卡“表单”中的“单选按钮”并添加两个，再在单选按钮后面添加男、女，如图 10.8 所示。

性别：　○ 男 ○ 女

图 10.8　添加单选按钮

所在班级和联系电话与网络 ID 一致，添加“文本字段”格式，如图 10.9 所示。

图 10.9　文本字段

修改“联系电话”“文本字段”的大小，选中“区号”的“文本字段”在“属性”面板中修改字段大小为“5”，电话号码文本字段修改为“10”，手机号文本字段的长度修改为“12”，如图 10.10 所示。

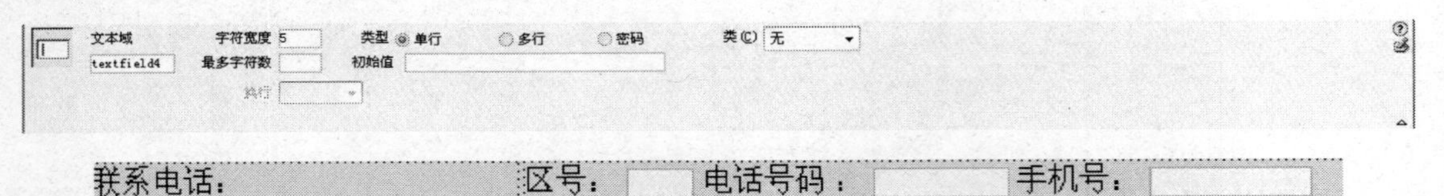

图 10.10　文本字段长度

详细地址后面插入“文本区域”，在插入选项卡“表单”中的“文本区域”单击，弹出对话框，单击“确定”按钮，如图 10.11 所示。

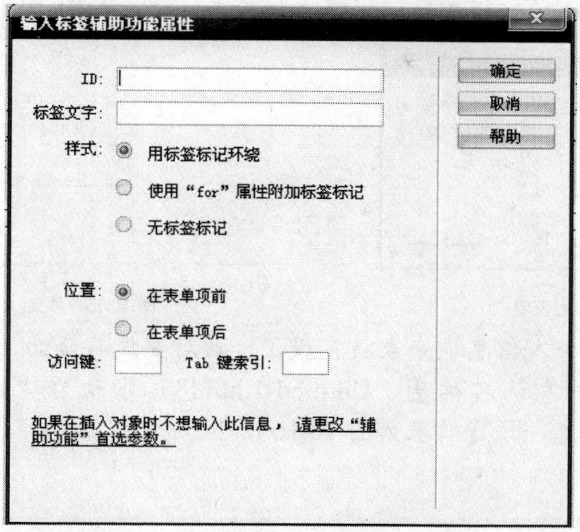

输入标签辅助功能属性

ID:

标签文字:

样式: 用标签标记环绕

使用“for”属性附加标签标记

无标签标记

位置: 在表单项前

在表单项后

访问键:　Tab 键索引:

如果在插入对象时不想输入此信息，请更改“辅助功能”首选参数。

确定

取消

帮助

图 10.11　插入文本区域

兴趣爱好一行插入“复选框”表单，各项依次是旅游、度假、逛街，购物，上网聊天、游戏，体育、户外运动、健身，阅读、图书音像，在该单元格中插入五个复选框，在复选框旁边输入复选框的介绍文字，如图 10.12 所示。

兴趣爱好：　□ 旅游、度假 □ 逛街、购物 □ 上网聊天、游戏 □ 体育、户外运动、健身 □ 阅读、图书音像

图 10.12　插入复选框

文化程度后面添加“列表/菜单”，单击会弹出对话框，然后单击“确定”按钮，如图 10.13 所示。

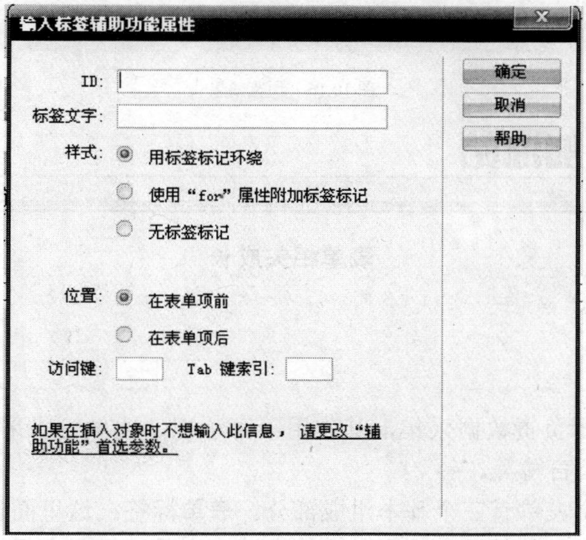

输入标签辅助功能属性

ID:

标签文字:

样式: 用标签标记环绕

使用“for”属性附加标签标记

无标签标记

位置: 在表单项前

在表单项后

访问键:　Tab 键索引:

如果在插入对象时不想输入此信息，请更改“辅助功能”首选参数。

确定

取消

帮助

图 10.13　输入标签

选中列表，在“属性”面板中添加列表值，单击 列表值... 按钮，添加列表值。单击 + 添加选项，单击“确定”按钮。添加后如图 10.14 所示。

意见和建议与详细地址一栏相同，同样添加文本区域，如图 10.15 所示。

图 10.14　添加列表值

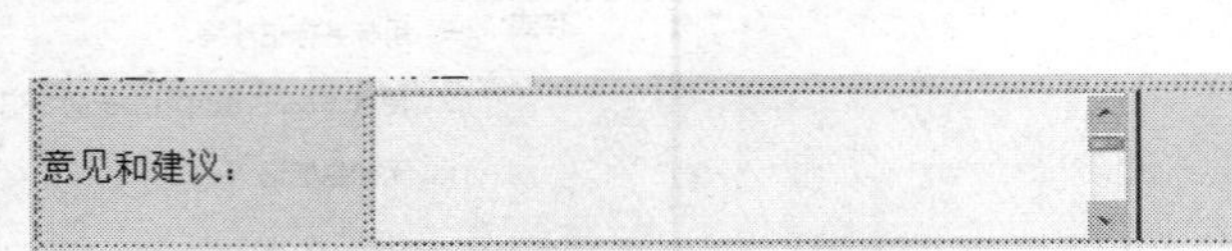

图 10.15　添加文本区域

这样，一个简单的个人信息调查表就完成了。最后要保存页面，执行“文件—保存”命令会弹出对话框，文件默认名称是“Untitled-1.html”，修改为“index.html”后单击“保存”按钮，按 F12 键预览，预览效果如图 10.16 所示。

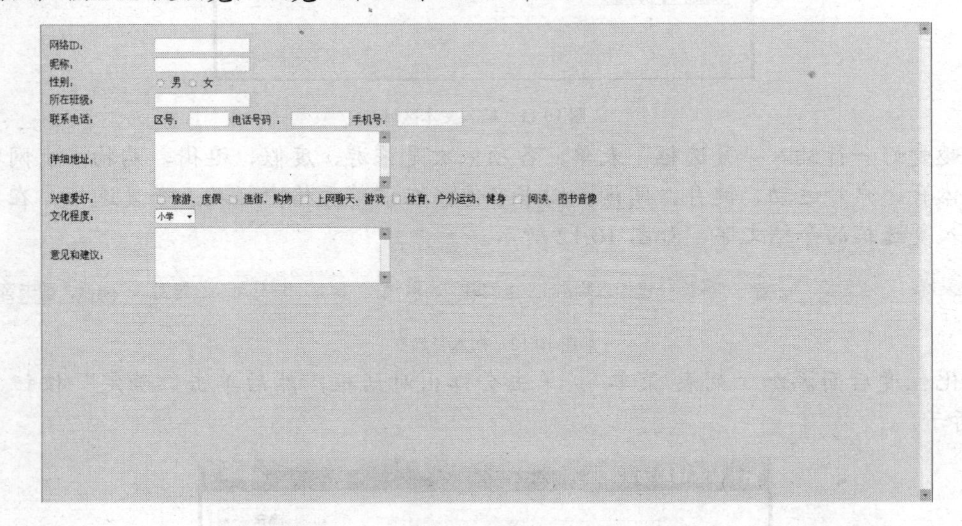

图 10.16　预览效果

成长加油站

表单相关成长

一、表单

1．什么是表单

表单在网页中主要负责数据采集，其作用不可小视，比如可以采集访问者的名字和 E-mail 地址、调查表、留言簿等。

表单的组成：一个表单有三个基本组成部分。**表单标签**：这里面包含了处理表单数据所用 CGI 程序的 URL 以及数据提交到服务器的方法。**表单域**：包含了文本框、密码框、隐藏域、多行文本框、复选框、单选框、下拉选择框和文件上传框等。**表单按钮**：包括提交按

钮、复位按钮和一般按钮；用于将数据传送到服务器上的 CGI 脚本或者取消输入，还用于控制其他定义了处理脚本的处理工作。

2．表单域的各个要素

表单域包含了文本框、多行文本框、密码框、隐藏域、复选框、单选框和下拉选择框等，用于采集用户的输入或选择的数据，下面分别进行讲述。

文本框

文本框是一种让访问者自己输入内容的表单对象，通常用于填写单个字或者简短的回答，如姓名、地址等。

多行文本框

多行文本框也是一种让访问者自己输入内容的表单对象，只不过能让访问者填写较长的内容。

密码框

密码框是一种特殊的文本域，用于输入密码。当访问者输入文字时，文字会被星号或其他符号代替，而输入的文字会被隐藏。

隐藏域

隐藏域是用来收集或发送信息的不可见元素，对于网页的访问者来说，隐藏域是看不见的。当表单被提交时，隐藏域就会将信息用设置时定义的名称和值发送到服务器上。

复选框

复选框允许在待选项中选中一项以上的选项。每个复选框都是一个独立的元素，都必须有一个唯一的名称。

单选框

当需要访问者在待选项中选择唯一的答案时，就需要用到单选框了。例如性别一栏，只能选择唯一答案。

下拉选择框

下拉选择框允许访问者在一个有限的空间设置多种选项，如籍贯一栏，可以设置为下拉选择框。

二、设置表单结果的处理方式

（1）将结果存成文本文件或 HTML 文件。例如，在 Web 站点设置了来宾签名簿，那么可以创建一个指向保存表单结果文件的链接，站点访问者可以通过它查看其中所写的内容。

（2）以电子邮件传送结果到指定邮箱中。

（3）将结果存入数据库。例如，访问者使用表单来收集联系信息，就可以直接将结果保存到自己的客户数据库中。

代码解读　**表单标记**

HTML 表单（Form）常用控件有：

表单控件（Form Contros）	**说明**
`input type="text"`	单行文本输入框

input type="submit"	将表单里的信息提交给表单里 action 所指向的文件
input type="checkbox"	复选框
input type="radio"	单选框
Select	下拉框
Textarea	多行文本输入框
input type="password"	密码输入框（输入的文字用*表示）

表单控件（Form Control）：单行文本输入框（input type = "text"）

单行文本输入框允许用户输入一些简短的单行信息，比如用户姓名。例句如下：

```
<input type = "text" name = "yourname">
```

表单控件（Form Control）：复选框（input type = "checkbox"）

复选框允许用户在一组选项里，选择多个。示例代码：

```
<input type = "checkbox" name = "fruit" value ="apple">苹果<br>
<input type = "checkbox" name = "fruit" value ="orange">橘子<br>
<input type = "checkbox" name = "fruit" value ="mango">芒果<br>
```

用 checked 表示缺省已选的选项。

```
<input type = "checkbox" name = "fruit" value ="orange" checked>橘子<br>
```

表单控件（Form Control）：单选框（input type = "radio"）

使用单选框，用户在一组选项里只能选择一个。示例代码：

```
<input type = "radio" name = "fruit" value = "Apple">苹果<br>
<input type = "radio" name = "fruit" value = "Orange">橘子<br>
<input type = "radio" name = "fruit" value = "Mango">芒果<br>
```

用 checked 表示缺省已选的选项。

```
<input type = "radio" name = "fruit" value = "Orange" checked>橘子<br>
```

用户还可以用 size 属性来改变下拉框（Select）的大小。

表单控件（Form Control）：多行输入框（textarea）

多行输入框（textarea）主要用于输入较长的文本信息。例句如下：

```
<textarea name = "yoursuggest" cols ="50" rows = "3"></textarea>
```

其中 cols 表示 textarea 的宽度，rows 表示 textarea 的高度。

表单控件（Form Control）：密码输入框（input type = "password"）

密码输入框（input type = "password"）主要用于一些保密信息的输入，比如密码。因为用户输入的时候，显示的不是输入的内容，而是黑点符号。例句如下：

```
<input type = "password" name = "yourpw">
```

表单控件（Form Control）：提交（input type = "submit"）

通过提交（input type = submit）可以将表单里的信息提交给表单里 action 所指向的文件。例句如下：

```
<input type = "submit" value = "提交">
```

留言板

【效果图】

请填写留言

昵　称：
你　是：帅哥
来　自：请输入你的省份
QQ号：
Email：
主　页：
头像：
头像1

主　题：
内　容：　你的悄悄话【 】
链接　大小　加粗　倾斜　下划　颜色　字体　插图　引用

返　回　重新填写　保存留言

【操作步骤】

（1）在“课堂实践”网站文件夹“12 表单网页”中创建一个表单网页“12.html”。

（2）该表单网页所包括的表单元素及浏览效果如效果图所示。

【操作提示】

先插入一张 9 行 4 列的表格，然后在表格单元格中输入文字、插入图像、插入表单元素。注意：必须先插入表单域，才能插入表单元素。

任务评估细则		学生自评	学习心得
1	表单的创建		
2	表单各个元素的插入		
3	课堂实践		

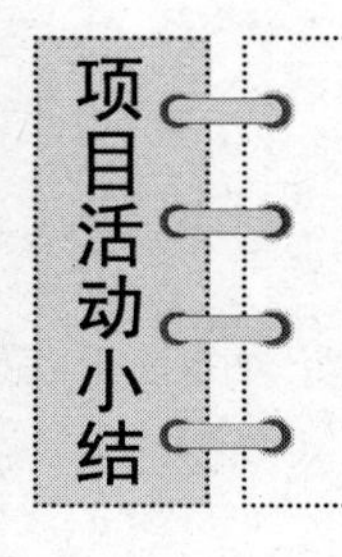

通过本项目的学习，能够理解表单及表单各个元素，能够独立完成个人信息表的建立，学会表单的运用。

项目活动十一

用 CSS 美化网页

项目活动描述

CSS 可以将网页和格式进行分离，提供对页面布局更强的控制能力以及更快的下载速度。如今，几乎所有精美的网页都用到了 CSS。有了 CSS 控制，网页便会给人一种赏心悦目的感觉。CSS 虽然只是一些代码，得到的效果却不同凡响。

- CSS 样式的概念。
- CSS 样式。
- 创建 CSS 样式。

任务一　使用 CSS 样式美化网页文本

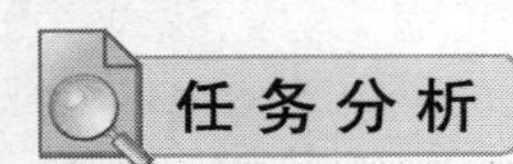

CSS 是 Cascading Style Sheet 的缩写，可以翻译为层叠样式表或级联样式表。CSS 是一个辅助 HTML 设计的新特性，能够保持整个 HTML 统一的外观。使用 CSS 可以在设置文本之前制定整个文本的属性，比如颜色、字体和大小等，即可获得统一的外观。

任务分析

- 建立 CSS 样式
- 运用 CSS 样式
- 增强审美观

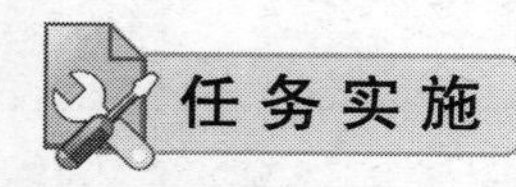

任务实施

跟我学　使用 CSS 对用户注册网页进行美化

【操作步骤】

1. 新建页面

启用 Dreamweaver，新建一个空白文档。新建页面的初始名称是“Untitled_1.html”，选择“文件”中的“保存”命令，弹出“另存为”对话框，在“保存在”选项的下拉列表中选择站点目录保存路径，在“文件名”选项的文本框中输入“index”，单击“保存”按钮，返回到编辑窗口。

2. 建立 CSS 样式

执行“格式—CSS 样式—新建”命令，打开“新建 CSS 规则”对话框，如图 11.1 所示。

- 在“选择器类型”下拉列表中选择“类（可应用于任何 HTML 元素）”；在“名称”文本框中输入“.top”。
- 在“规则定义：”下拉列表中选择“(仅限该文档)”，单击“确定”按钮，将打开“.top 的 CSS 规则定义”对话框。
- 在“类型”分类中，将字体设置为“宋体”、大小设置为“14 像素”，如图 11.2 所示。

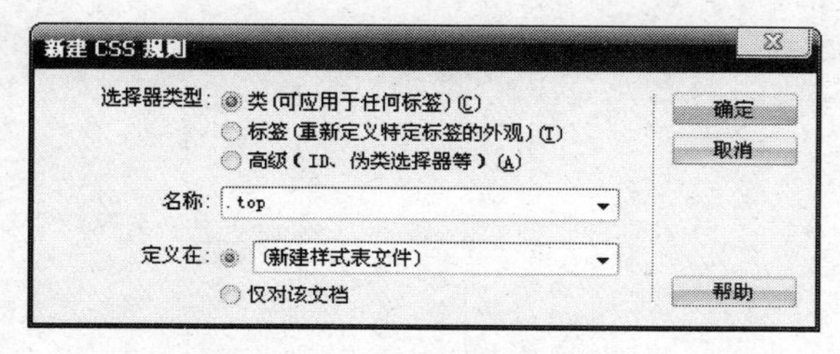

图 11.1　“新建 CSS 规则”对话框

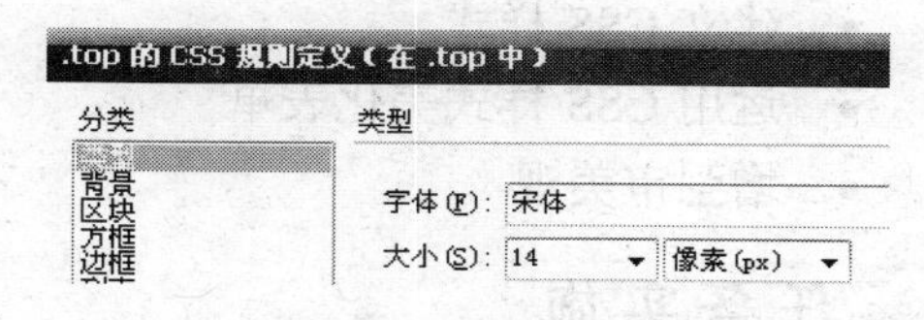

图 11.2　设置类型

单击“确定”按钮，则“.top”的 CSS 规则定义完成。

3. 运用 CSS 样式

- 将光标置于第一行文本中的任意位置。
- 在属性检查器中单击“CSS”按钮，然后在“目标样式”列表中选择“.top”，此时会发现文本用了“.top”的 CSS 样式。

成长加油站

CSS 其他美化设置

打开属性检查器，进行如下设置：目标规则设为“内联样式”，字体设为黑体，大小设为 24px、加粗、居中，颜色设为#900，将正文进行分段，并在每个段落前加两个全角空格，然后将光标置于正文第一行。单击属性检查器上的“编辑规则”按钮，在“新建 CSS 规则”对话框中设置选择器类型为“类”，选择器称为.contentl，规则定为“仅限该文档”。

“contentl”的 CSS 规则定义如下：font-family 设为宋体、font = size 设为 14px、line-height 设为 28px。将光标分别置于正文的每一个段落中，然后在属性检查器中的“目标规则”下拉列表中选中“.content1”规则。

任务评估细则		学生自评	学习心得
1	建立 CSS 样式		
2	运用 CSS 样式		

任务二 使用 CSS 样式美化表单

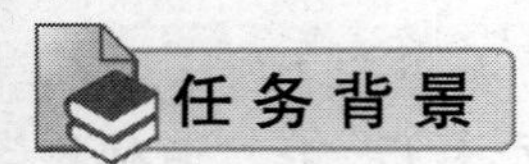

使用 CSS 样式可以美化网页文本，同样也可以美化网页表单。下面通过案例来学习如何使用 CSS 样式美化网页表单。

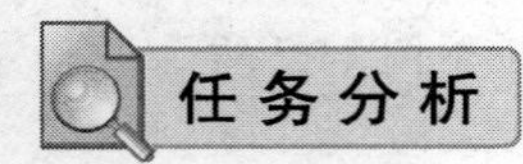

- 建立 CSS 样式
- 运用 CSS 样式美化表单
- 增强审美观

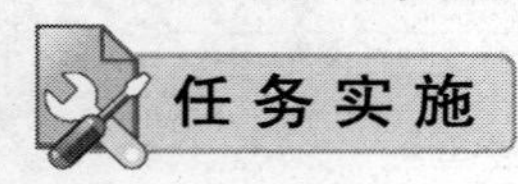

一、新建 CSS 样式

在浏览器中打开“用户注册.html”文件，如图 11.3 所示美化前的表单。

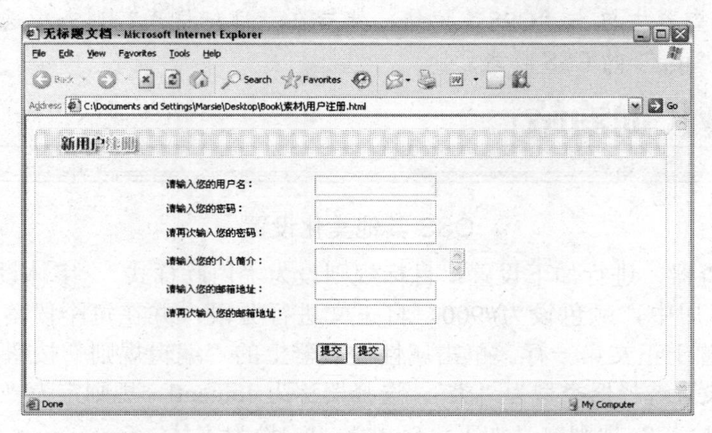

图 11.3 表单

- 在 Dreamweaver 中打开该网页，为该网页新建一个样式“tf”（表示 textfield——文

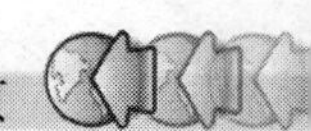

本域），接着在“CSS 规则定义”对话框中选择“类型”分类并进行如图 11.4 所示的设置。

图 11.4　设置类型

切换至“背景”分类，进行如图 11.5 所示的设置。

图 11.5　设置背景

- 切换至“边框”分类，在该分类上设置边框样式，如图 11.6 所示。

图 11.6　设置边框样式

二、将 CSS 样式添加到页面

单击“确定”按钮之后，tf 创建成功。选中要应用样式的表单元素如文本域，激活其“属性”面板，在面板上的“类”下拉列表中选择样式“tf”。在“类”下拉列表中可以预览样式的效果，如图 11.7 所示。

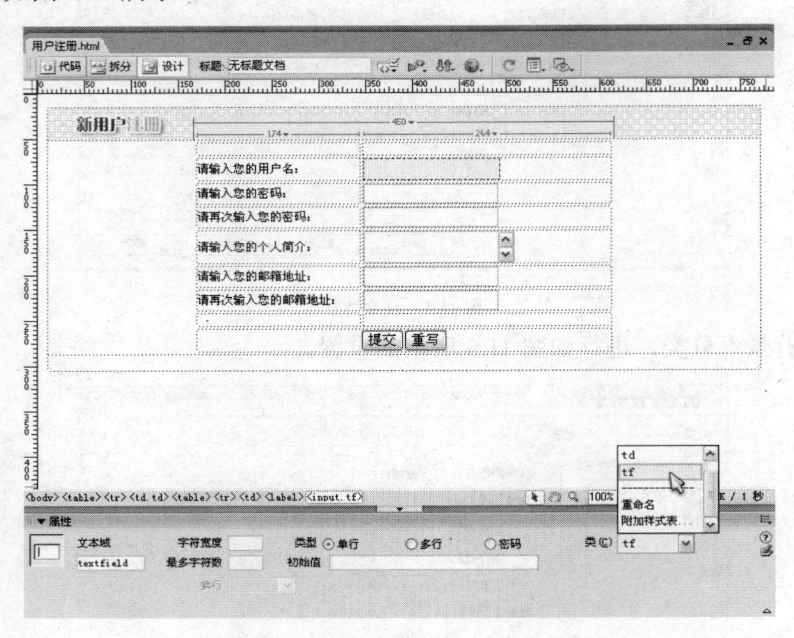

图 11.7　预览样式

将所有表单元素应用该样式之后，效果如图 11.8 所示。

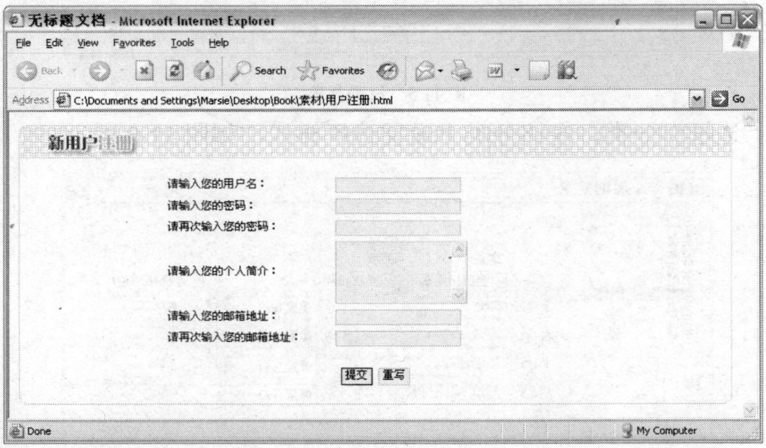

图 11.8　效果预览

三、修改边框效果

再新建一个样式“tf1”，在“背景”分类中的设置和前面一样。现在切换至“边框”分类，在该分类上重新设置边框样式，如图 11.9 所示。

图 11.9　修改样式

单击“确定”按钮，“tf1”创建成功。将所有表单元素应用该样式之后，效果如图 11.10 所示。

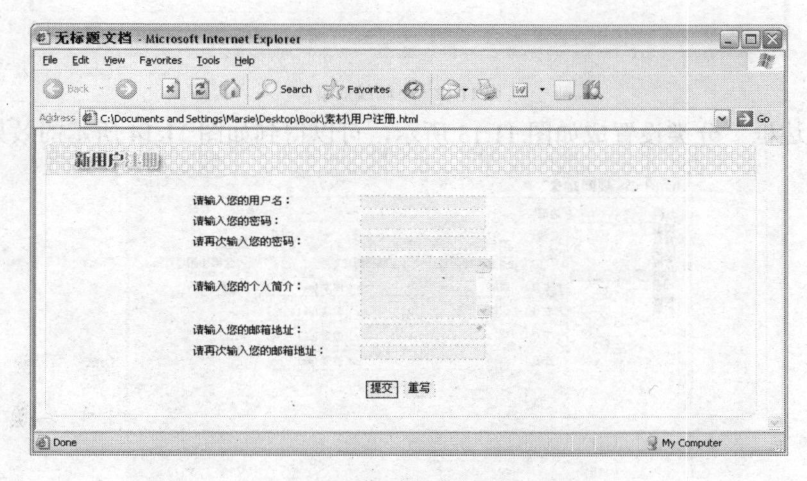

图 11.10　虚线效果

四、添加各种不同的边框效果

在如图 11.10 所示的“边框”分类设置中，把“背景”分类中的背景去掉，如图 11.11 所示，并保存。

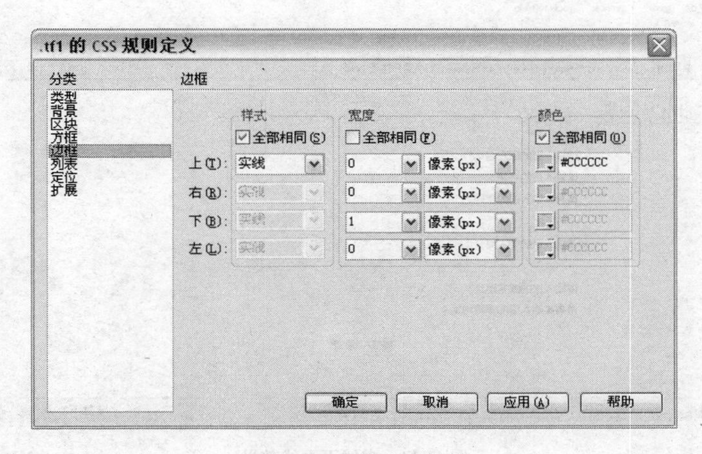

图 11.11　修改样式

书山有路勤为径，学海无涯苦作舟。

按 F12 键预览，得到图 11.12 所示的效果。

图 11.12 下画线效果

如果把“边框”分类设置成如图 11.13 所示，可以得到如图 11.14 所示的效果。

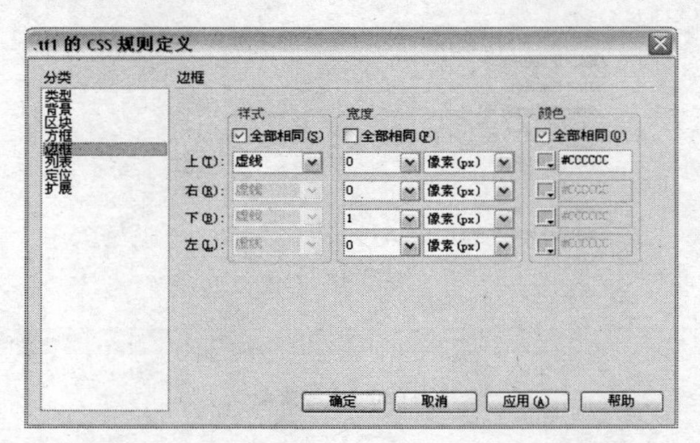

图 11.13 虚线下画线效果的“边框”设置

再按 F12 键，查看效果，如图 11.14 所示。

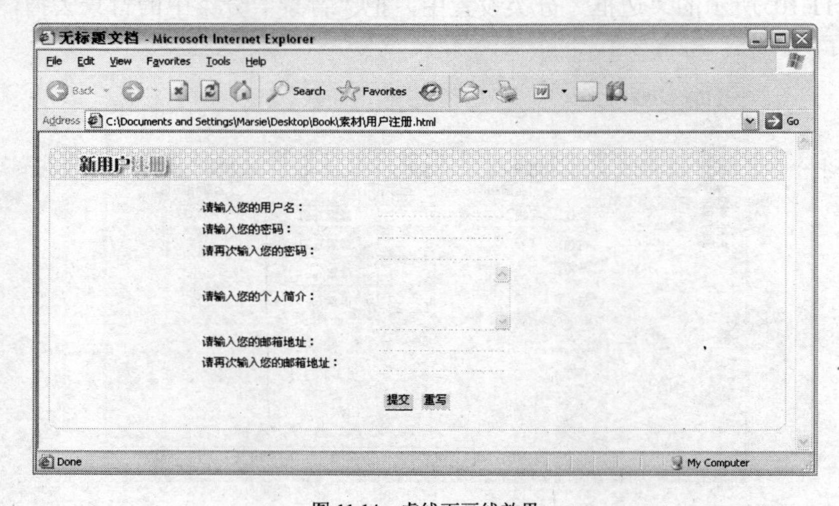

图 11.14 虚线下画线效果

如果把“边框”分类设置，可以得到如图 11.15 所示的效果。

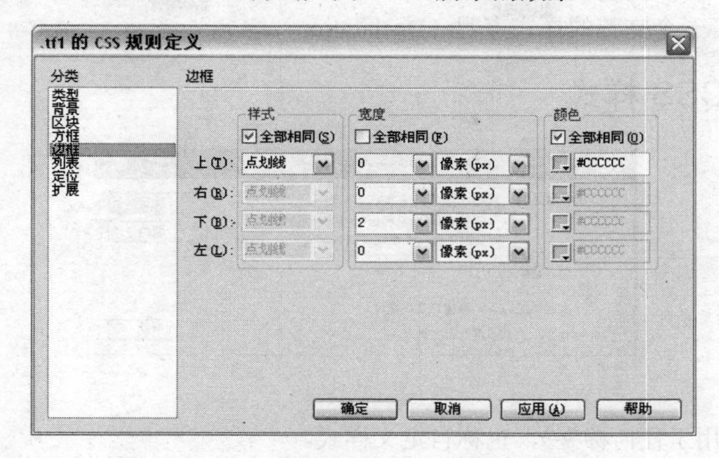

图 11.15　点画线下画线效果的“边框”设置

按 Ctrl + S 快捷键保存，按 F12 键预览其美化，效果如图 11.16 所示。

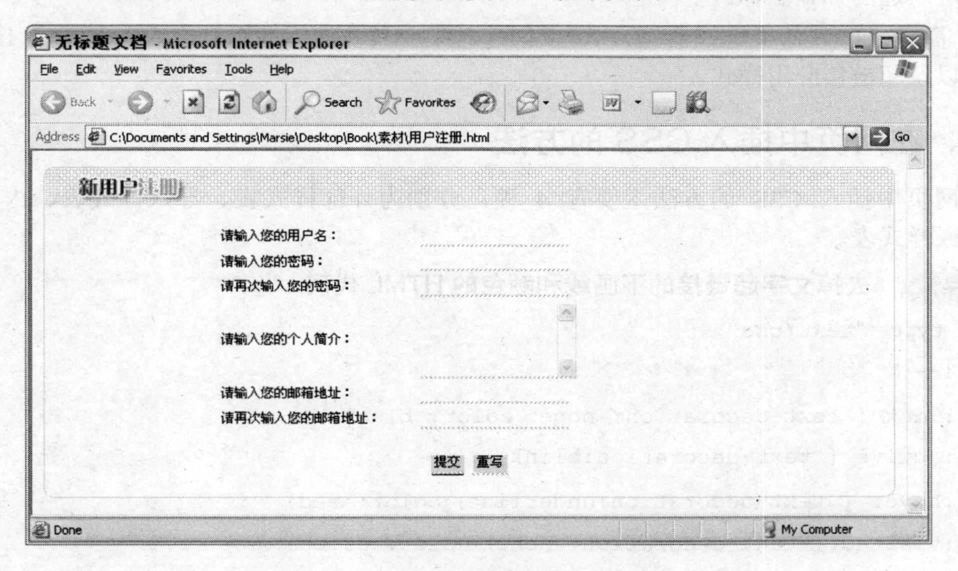

图 11.16　预览效果

成长加油站

CSS 相关成长

一、CSS 的基本语法

CSS 语法由三部分构成：选择器、样式属性和值。基本语法如下：

选择器{样式属性：值；样式属性：值；……}

选择器（Selector）通常是样式所要定义的对象。

样式属性（Property）是样式控制的核心，CSS 提供了多种多样的属性，并且每个属性都有一个值（Value）。属性和值被冒号分开，不同的属性之间用分号分开，整体由花括号包围，这样就组成了一个完整的样式声明（Declaration）。

二、建立 CSS 样式

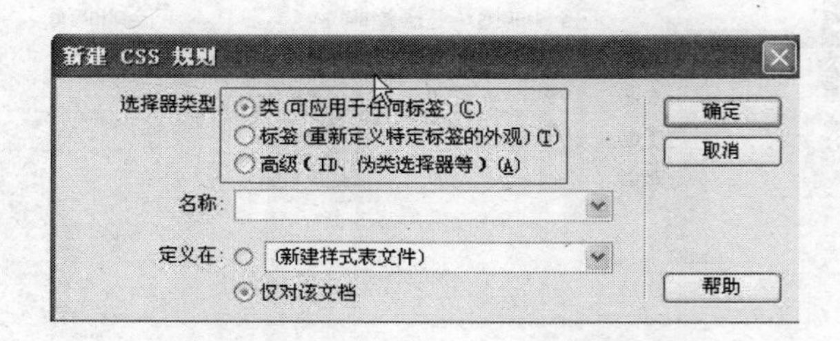

- **类**（可应用于任何标签），也称自定义样式。
- **标签**（重新定义特定标签的外观），也称 HTML 标签样式。可以将设置的样式属性自动对应所选的标签名称。
- **高级**（ID、伪类选择器等），可以创建对某一具体的标签组合或者含有特定 ID 属性的标签以及超链接应用样式。

三、在网页中插入 CSS 的方法

在网页中插入 CSS 的方法主要有 4 种，分别为外部样式表、导入样式表、内部样式表、内嵌样式表。

代码解读 **去掉文字超链接的下画线和颜色的 HTML 代码**

```
<style type="text/css">
    <!--
    a:link { text-decoration: none; color: blue}
    a:active { text-decoration:blink}
    a:hover { text-decoration:underline; color: red}
    a:visited { text-decoration: none; color: green}
    -->
    </style>
```

a:link 指正常的未被访问过的链接；

a:active 指正在点的链接；

a:hover 指光标在链接上；

a:visited 指已经访问过的链接；

text-decoration 是文字修饰效果的意思；

none 参数表示超链接文字不显示下画线；

underline 参数表示超链接文字有下画线。

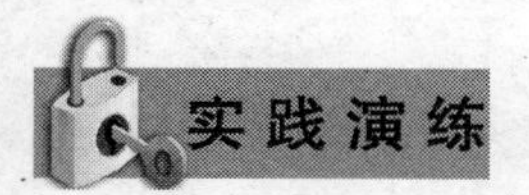

实践演练　珠山秀色掩古刹

【效果图】

珠山秀色掩古刹

大珠山岭顶北侧，有一条清秀的山涧，从那汩汩的山泉边猛一抬头，蜿曲绕到一座寺庙，这就是神奇的石门寺。它有两个与其他寺庙截然不同的特点，第一，山门向东而建，一反坐北向南的寺庙格局。第二个特征，它是佛、道共用的寺院，这在全国可说是凤毛麟角。道教是中国本土宗教，创建于东汉，而佛教则是传入中国的“舶来品”，时间上也稍晚一些。在石门寺，道佛两家并存共济相安无事，我想，这不仅是宗教界的楷模，也是芸芸众生的楷模，是我们凡夫俗子的榜样。

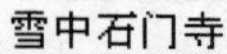
雪中石门寺

【操作步骤】

（1）建立“课堂实践”网站文件夹，在站点文件夹下创建“13 美化网页”文件夹，创建网页文档“13.html”。

（2）在该网页的 HEAD 部分添加以下定义 CSS 样式的代码。

```
<style type="text/css">
<!--
.STYLE1 {font-size: 24px}
.STYLE2 {font-size: 18px}
.STYLE6 { color: #FF3300;
font-size: 13px;
}
.STYLE8 {font-size: 24px; color: #660099; }
.STYLE9 {
font-size: 12px
}
-->
</style>
```

（3）在标题文字和介绍文字中分别应用 CSS 样式 STYLE1、STYLE2，代码如下所示。

```
<h1 align="center" class="STYLE1">珠山秀色掩古刹 </h1>
<span? class="STYLE2"介绍文字</span>
```

过程评价

任务评估细则		学生自评	学习心得
1	CSS 样式美化表单		
2	下画线、虚线的设置		
3	实践演练		

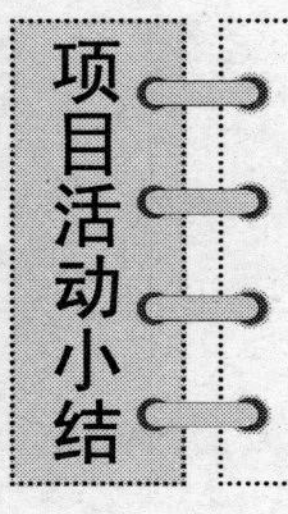

项目活动小结

通过本项目的学习，应该学会使用 CSS 样式美化网页文本，提高网页的制作水平。

- 使用 CSS 样式美化网页文本；
- 使用 CSS 样式美化表单。

项目活动十二

特效页面设计与制作

项目活动描述

网页特效是用程序代码在网页中实现的特殊效果或者特殊功能的一种技术。它活跃了网页的气氛，并增加了亲和力。通过一些特效，如浮动的广告图片、弹出一些对话框等，在网页的宣传上会起到一定的作用。

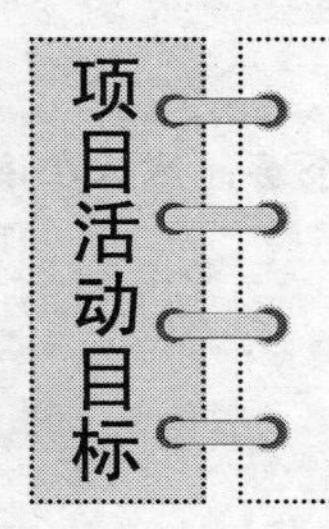

- 浮动图片的制作。
- 弹出窗口的制作。

任务一 浮动图片的制作

任务背景

在网站中，如果有一些浮动图片或者浮动广告就会使页面更活泼、更漂亮、也会让人眼前一亮，从而给人留下更深的印象。本任务将为胶南信息港插入一个浮动图片，提高广告效果，使页面变得更美丽。

任务分析

- 层的制作
- 添加对象到时间轴

任务实施

根据所给素材，利用学过的层和时间轴，制作出直线、曲线轨迹动画，形成如图 12.1 所示的最终效果。

图 12.1　最终效果图

提示　　时间轴只能移动层，而若要使图像或文本移动，必须先创建一个层，然后在该层插入图像、文本或其他任何类型的内容。

【操作步骤】

（1）新建网页文件，导入素材文件“1.png”，如图 12.2 所示。

图 12.2　导入素材

（2）创建一个层，并在层中插入所给素材文件“2.png”，如图 12.3 所示。

（3）执行“窗口—时间轴”命令，或按 Alt + F9 快捷键，弹出“时间轴”面板。

(4) 选中当前创建的层，将层拖曳到“时间轴”面板中适当的帧序号处。

图 12.3　层中插入图片

添加对象到“时间轴”面板有以下几种方法。

① 将层直接拖曳到“时间轴”面板中，然后释放鼠标。

② 单击“时间轴”面板右上角的按钮，在弹出的菜单中选择“添加对象”命令。

③ 执行“修改—时间轴—增加对象到时间轴”命令。

④ 在“时间轴”面板中单击鼠标右键，在弹出的快捷菜单中选择“添加对象”命令。此时，一个动画条出现在时间轴的第一个通道中，层的名字出现在动画条中，如图 12.4 所示。

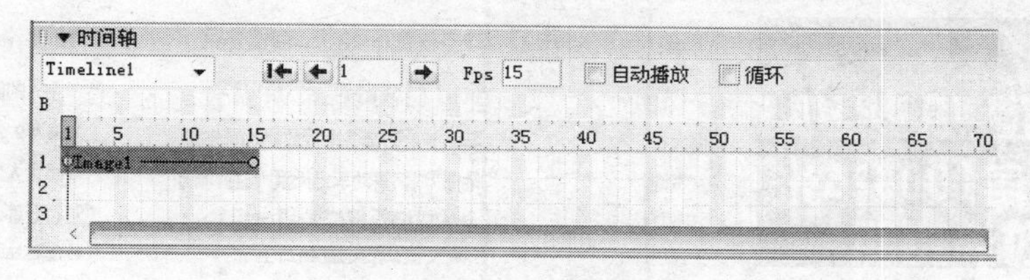

图 12.4　添加对象

(5) 在“时间轴”面板中拖曳结束关键帧到适当的帧序号处，以确定动画的播放时间，如图 12.5 所示。

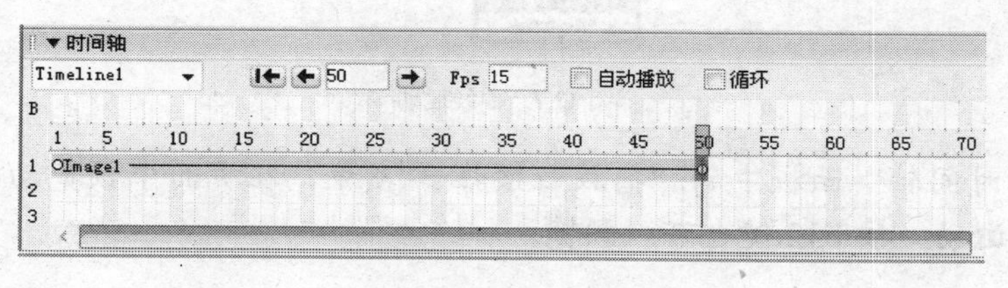

图 12.5　拖曳关键帧

(6) 选定结束关键帧，在页面中拖曳层到动画的结束位置，这时一条直线出现在文档窗口中，显示动画运动的路径，如图 12.6 所示。

图 12.6　直线运动

（7）若要制作曲线轨迹的动画，需要在时间轴上添加关键帧。按住 Ctrl 键的同时，在时间轴适当帧序号处单击鼠标，然后在网页中拖曳层到适当的位置即可，效果如图 12.7 所示。

图 12.7　曲线运动

（8）按住“时间轴”面板中的“播放”按钮不放，在页面中预览动画效果，可以看到层以曲线方式运动，按 F12 键也可以预览。

过程评价

任务评估细则		学生自评	学习心得
1	时间轴的运用		
2	图片的拖曳		

任务二　弹出窗口的制作

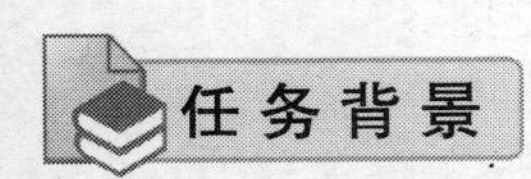

任务背景

当浏览某个免费主页时，经常会弹出一个小窗口，里面放一些广告或调查等，这些窗口很容易吸引浏览者的注意。本任务即制作一个弹出窗口。

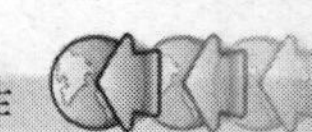

任务分析

- 添加行为
- 弹出窗口

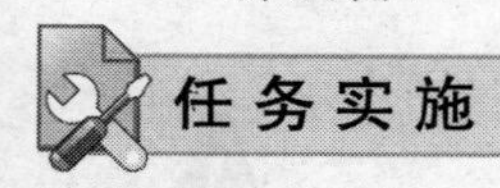

任务实施

跟我学　利用行为创建弹出窗口

【操作步骤】

1. 创建网页并保存内容

在站点下创建一个“window.html”，页面内容如图 12.8 所示，然后保存并关闭此网页。

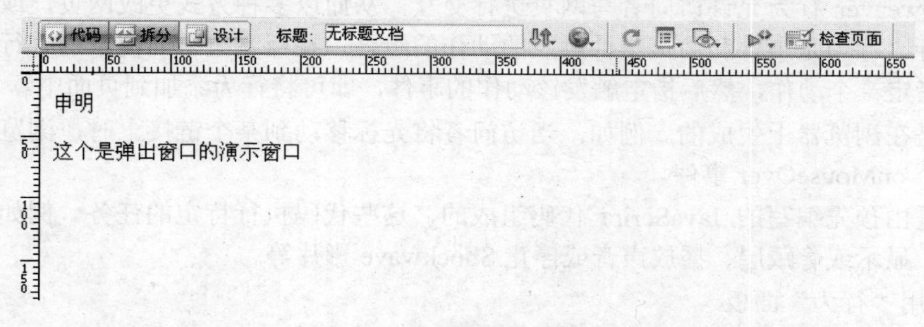

图 12.8　创建网页

2. 添加行为

- 新建一个页面，选择右边浮动面板中的“标签”行为，单击添加行为+按钮。
- 选择“打开浏览器窗口”，在弹出的“打开浏览器窗口”对话框中进行如图 12.9 所示的设置。
- 单击 浏览... 按钮，在弹出的“选择文件”对话框中选择文件“window.html”并打开。
- 设置窗口宽度为 220px，窗口高度为 110px，一般不设置属性栏和窗口名称框，若在属性栏中打勾，表示弹出的新窗口中有这些栏目。

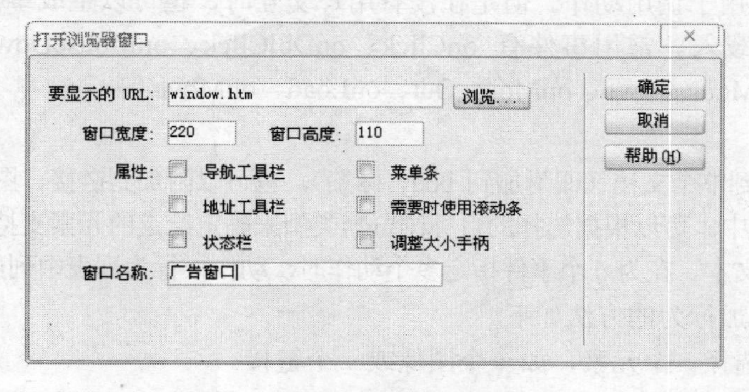

图 12.9　打开浏览器窗口

3. 选择事件

单击页面的空白处，在行为面板中选择“Onload”事件。

4. 保存预览

在这里，一定要单击页面的空白处，再设置“Onload”事件，否则无法设置或无法达到预期效果。通过点击一个链接，才弹出一个定制小窗口的做法如下。

① 先选择文字对象并做一个空链接。

② 用鼠标点击文字链接对象，再打开“行为”面板。

③ 添加一个打开浏览器窗口的事件，把事件设为 Onclick 即可。

成长加油站

行为和事件的相关成长

1. 行为

Dreamweaver 行为允许访问者与网页进行交互，从而以多种方式更改网页，或引起某些任务的执行。行为是事件和由该事件触发的动作的组合，在标签组合面板下的“行为”面板中，通过指定一个动作，然后指定触发该动作的事件，即可将行为添加到页面中。

事件是在浏览器上生成的。例如，当访问者将光标移动到某个链接上时，浏览器为该链接生成一个 onMouseOver 事件。

动作是由预先编写的 JavaScript 代码组成的，这些代码执行特定的任务。例如，打开浏览器窗口、显示或隐藏层、播放声音或停止 Shockwave 影片等。

2. 使用“行为”面板

3. 打开“行为”面板的方法

① “窗口”中的“行为”命令。

② Shift+F4 快捷键。

4. 执行“窗口—行为”命令

5. 关于事件

每个浏览器都提供一组事件，这些事件可以与“行为”面板的“动作”弹出式菜单中列出的动作相关联。当 Web 页的访问者与网页进行交互时（例如单击某个图像），浏览器生成事件，这些事件可用于调用动作。但是在没有用户交互时，也可以生成事件，如设置网页每 10 秒钟自动重新载入。常用事件有 onClick、onDblClick、onMouseDown、onMouseUp、onMouseOver、onMouseMove、onMouseOut、onLoad、onMove 等。

6. 应用行为

行为可以附加到整个文档（即附加到 body 标签），也可以附加到链接、图像、表单元素或多种其他 HTML 元素中。可以根据选择的目标浏览器类型来确定给定的元素支持哪些事件，但是不能将行为附加到纯文本。在为一个事件指定多个动作时，动作按行为列表中列出的顺序发生。

为网页元素附加行为的方法如下。

① 在网页上选择一个元素，如一个图像或一个链接。

② 若要将行为附加到整个页，请在文档窗口底部左侧的标签选择器中单击标签。

③ 执行“窗口—行为”命令，打开“行为”面板。

④ 单击动作按钮，从“动作”弹出式菜单中选择一个动作。

⑤ 不能选择菜单中灰色显示的动作。事件灰色显示的原因可能是当前的网页文件中不存在所需的对象。

⑥ 选择某个动作后，将出现一个对话框，显示该动作的相关参数和说明。为该动作输入参数，然后单击“确定”按钮。

⑦ 对该动作选择合适的触发事件即可。

代码解读　调用 JavaScript 代码

一、JavaScript 代码如何加入 html 页面中

使用<script></script>标签将 JavaScript 语法嵌入 html 代码中的，例如：

```
<html>
    <head>
            <title>JavaScript 测试页</title>
        </head>
    <body>
    <script language = "javascript" type = "text/javascript">
            function demo(){}
    </script>
    </body>
</html>
```

script 标签可以在 html 代码的很多位置，甚至可以在 html 标签外面。但就是不能嵌套到 CSS 标签里面，也不能嵌套在标签的属性里面（如<p <script>alert（"111"）；</script>> ddd</p>是不行的），所有 script 标签必须放到能放标签的合理位置。

可以有多个 script 标签，每一个之间都是有关联的。

<a href = "javascript:JS 代码">或<form action = "javascript:JS 代码">，以标签属性的方式内敛到标签中，例如：

<a href = "javascript:JS 代码">a 标签内容</a>

注意：除了<a>标签、<form>标签能以“javascript:JS 代码”的形式加入 JS 代码外，所有标签都能以某种方式（事件驱动的方式）内敛 JS 代码到属性中。

二、外部独立的 JS 文件，链入 html 代码中，JS 文件名通常是“文件名.js”

例如：

<script src = "js 文件所在目录/js 文件名"><script>

在哪都可以链入外部文件，因为外部文件导入后就是本页面的内容，所以如果在一个页面中链入多个外部文件，这些文件中的方法、变量都是可以共享的。

实践演练　青岛西海岸度假胜地

【效果图】

【操作步骤】

（1）建立“课堂实践”网站文件夹，在站点文件夹下创建“15 网页特效”文件夹，创建网页文档“15.html”。

（2）应用“显示-隐藏层”行为实现图像的放大与还原，即光标指向“青岛琅琊台风景名胜区”下面的图像时显示尺寸较大的图像，光标离开时尺寸较大的图像立即隐藏。

（3）在浏览器状态栏显示“<—青岛西海岸度假胜地—>”的文字。

【操作提示】

（1）应用“显示—隐藏层”行为实现图像的放大与还原，先打开“显示—隐藏层”对话框，在该对话框中设置显示行为或隐藏行为。

（2）显示或隐藏行为设置完成后，在“行为”面板设置事件。

过程评价

任务评估细则		学生自评	学习心得
1	行为		
2	添加行为		
3	课堂实践		

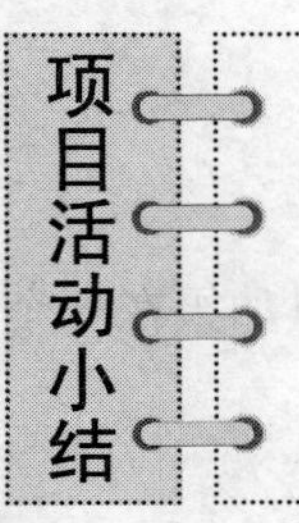

项目活动小结

通过本项目的学习能够使用行为制作一些网页特效，以活跃网页气氛。能够使用行为制作浮动图片及弹出窗口。

项目活动十三

整站开发案例解析

项目活动描述

教育信息化的目的之一在于学习方式、教学方式的变革，从而实现教育现代化。网络以其海量信息资源、便捷沟通等特性成为新型学习环境的有机组成部分。网站作为网页浏览的信息载体以及网络活动的节点之一，在应用过程中有其独特的地位与作用。本项目通过 3 个网站的实例，介绍了如何使用表格布局、制作页面浮动图像以及创建各种超链接等内容。

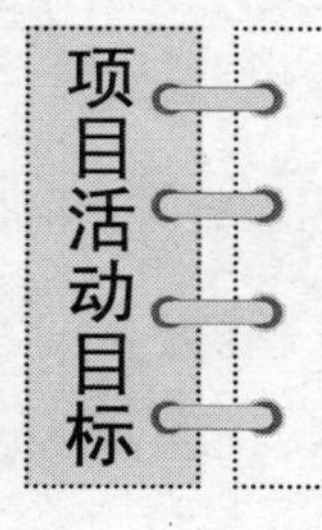

- 学会做网站，掌握网站、网页及其元素的相关概念。
- 掌握网站开发流程，掌握网页的整体布局及色彩搭配。

任务一 读书网案例解析

实例展示：

如图 13.1 所示为读书网站首页。

图 13.1 读书网站首页

任务背景

本任务是对“读书网”的主页进行构建。主页在一个网站中占有非常重要的地位，一个好的主页往往能使网站给人留下较为深刻的印象。主页的表现形式很多，但最主要的就是布局要合理美观、颜色要搭配协调。读者可以通过多看、多学、多练来提高自己的网页制作水平；同时借鉴好的经验，结合自己的特点，创作出出色的网页。本项目中所用到的素材，读者也可以结合自己学到的知识自行创作，以锻炼自己的网页设计综合技能水平。

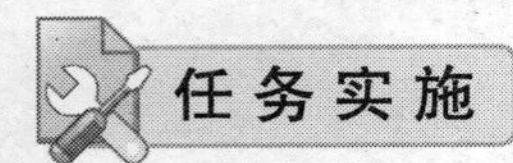

任务分析

- 熟练使用 Div + CSS 进行网页布局
- 熟练使用 Dreamweaver 中常用功能编辑网页
- 深刻理解网页制作软件之间的关系

任务实施

一、读书网

建立站点

（1）启动 Dreamweaver，执行“站点—新建站点”命令，如图 13.2 所示。

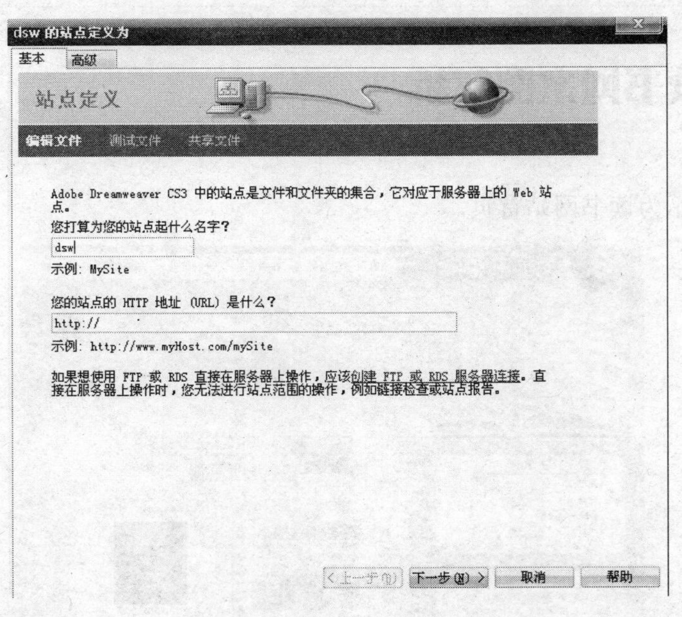

图 13.2　定义站点

（2）在“dsw 的站点定义为”对话框的“您打算为您的站点起什么名字？”文本框输入“dsw”，单击“下一步”按钮。如图 13.3 所示，在“您是否打算使用服务器技术”下选择

“否，我不想使用服务器技术”后，单击“下一步”按钮。

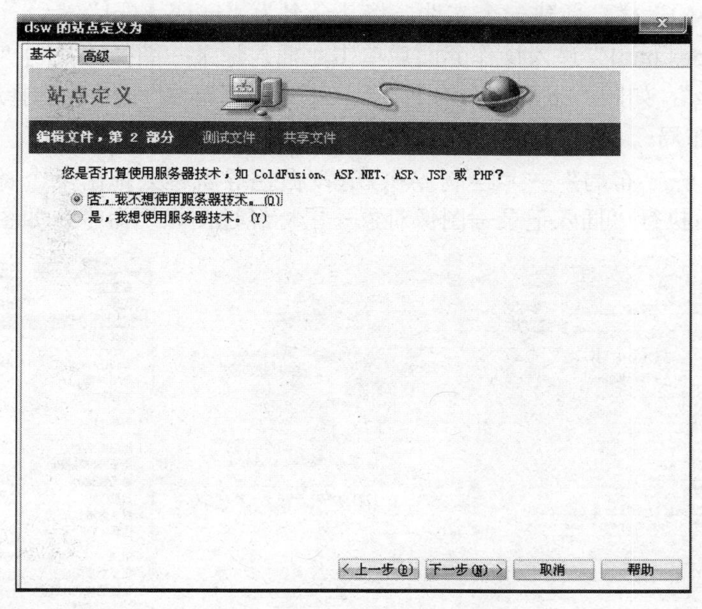

图 13.3　定义站点 2

（3）如图 13.4 所示，在“在开发过程中，您打算如何使用您的文件？”下单击“编辑我的计算机上的本地副本，完成后再上传到服务器（推荐）”单选按钮。

（4）在“您将把文件夹储存在计算机的什么位置”文本框内输入“E:\dsw\”，单击“下一步”按钮，在“您如何连接到远程服务器？”下拉列表中选择“无”，单击“下一步”按钮。单击“完成“按钮，出现如图 13.5 所示对话框，即成功建立 dsw 站点。

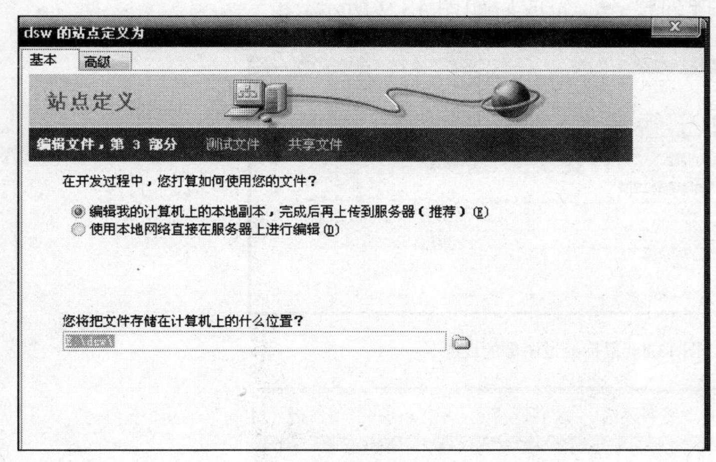

图 13.4　站点存储位置

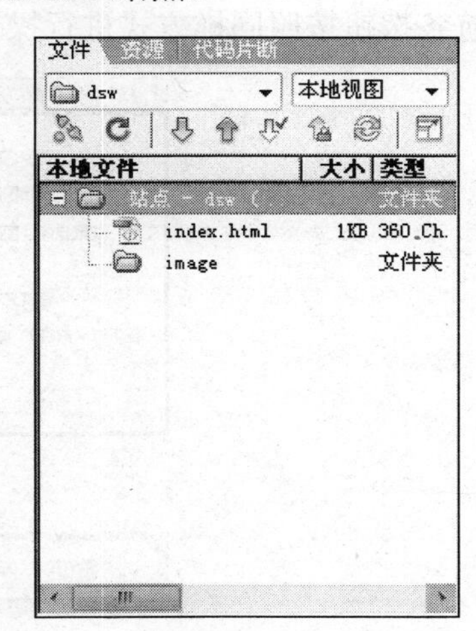

图 13.5　站点建立成功

二、编辑首页页面

1．首页底图

右键单击“文件”面板下的“站点-dsw（E:\dsw\）”栏，新建一个文件夹，将其命名为

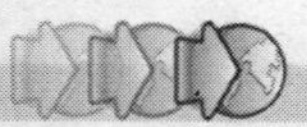

“image”（可以将网站所需图片存放到这个文件夹当中）；同样右键单击“文件”面板下的“站点-dsw（E:\dsw\）”栏，新建一个文件，将其命名为“index.html”。

双击打开“index.html”进入操作界面后单击“插入记录→图像“找到“dsw\image”子文件夹下的“首页.jpg”，如图 13.6 所示。确定后，在下方的“属性”面板中选择居中对齐。

2．导航栏的布局

选中“插入”→“布局”→“绘制 Ap Div”白色导航栏处拖出一个宽 120、高 50 的“Ap Div 层”，然后执行“插入记录—图像对象—鼠标经过图像”命令，如图 13.7 所示。

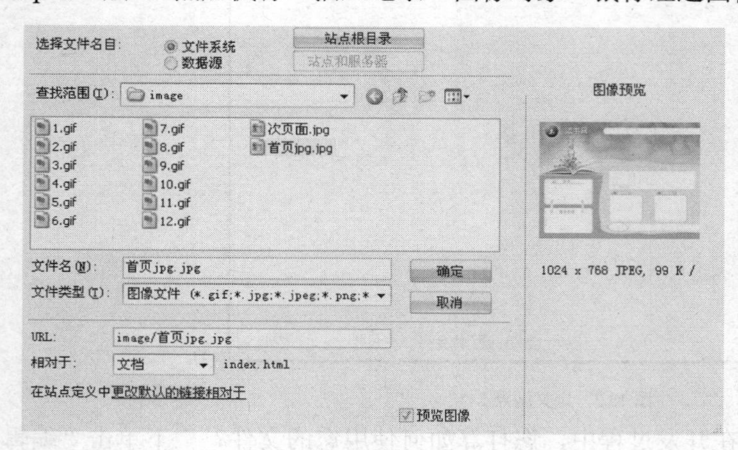

图 13.6 首页底图

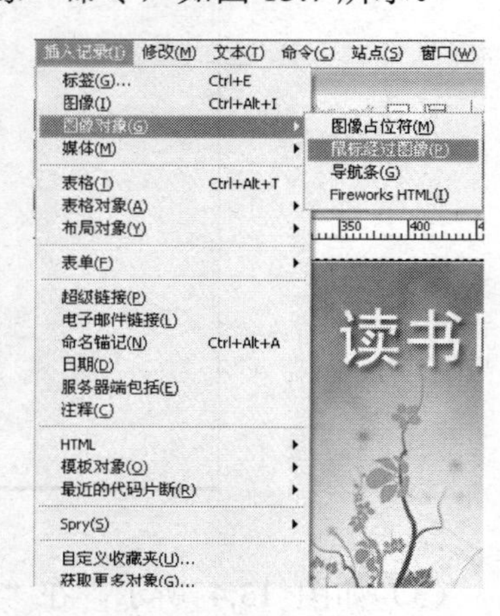

图 13.7 鼠标经过图像

3．原始图像区域

单击浏览，找到“dsw\image”子文件夹下的“2.gif”区域，找到“dsw\image”子文件夹下的“1.gif”，替换文本为“首页”，如图 13.8 所示。单击“确定”按钮，将其他几个导航条按钮按照同样方式进行操作并排列整齐，完成后如图 13.9 所示。

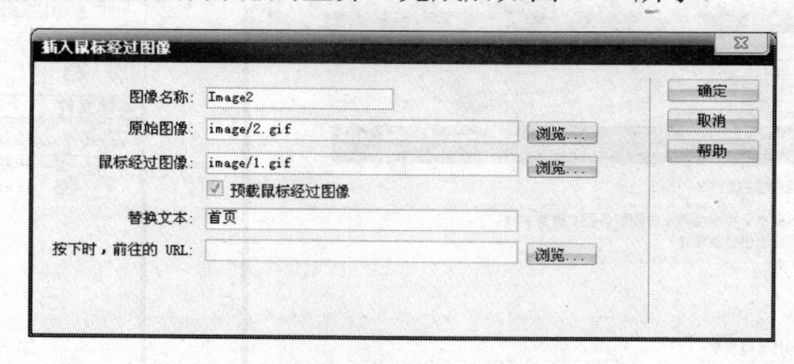

图 13.8 鼠标经过图像的设置

图 13.9 导航条的设置

4．登录板块

选中“插入”→“布局”→“绘制 Ap Div”在登录板块中拖出一条“Ap Div 层”，选择“插入”→“表单”插入一个红色的表单，在表单中插入一个 4 行 2 列的表格。在第一行第一列中输入“用户名”，第二行输入“密码”。第一行第二列、第二行第二列单元格中选择

"插入"→"表单"→"文本字段"菜单命令，分别插入一个文本字段。其中第二个文本字段需要在下方的"属性"面板中修改其类型为"密码"，如图 13.10 所示。在第三行插入 2 个按钮（"插入"→"表单"→"按钮"），在下方"属性"面板中修改它的值为"登录"，如图 13.11 所示。第二个按钮需将动作修改为"重设表单"，如图 13.12 所示。

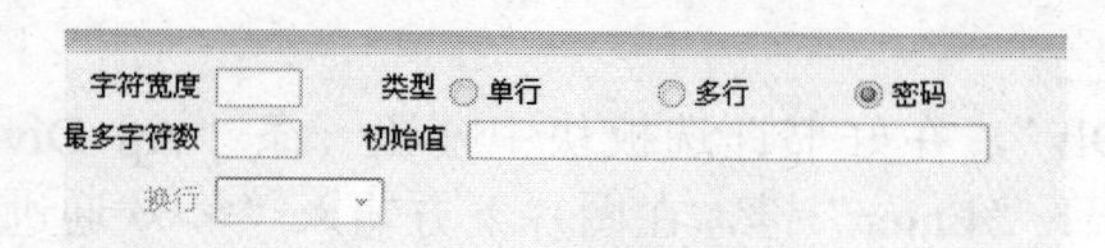

图 13.10　密码

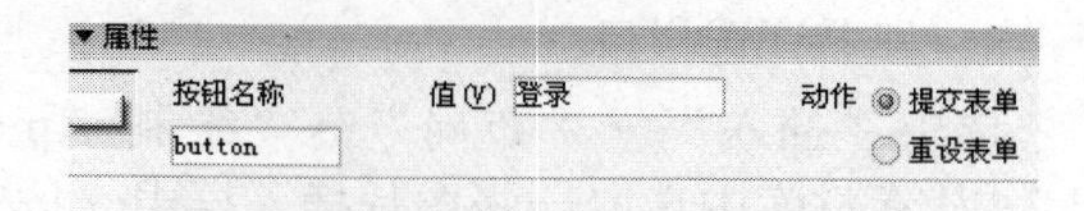

图 13.11　登录

选中最后一行在下方"属性"面板中寻找"合并所选单元格，使用跨度"，如图 13.13 所示。

图 13.12　重设表单

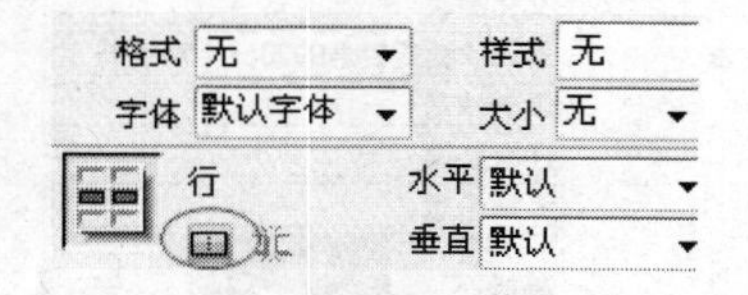

图 13.13　设置图

在最后一行输入">>注册"，在"属性"面板中找居中对齐，完成后如图 13.14 所示。

5．图书咨询栏目

选中"插入"→"布局"→"绘制 Ap Div"在图书咨询板块中拖出一条"Ap Div 层"，在层中插入一个 5 行 2 列的表格。将第二列进行合并，选择"插入记录"→"图像"，从给定的素材中选取一张图像插入单元格当中，将图片改为合适大小。前五行输入本栏目需要进行超链接的标题。为了美观，可以将字体大小调整为 12 号字体，完成后如图 13.15 所示。

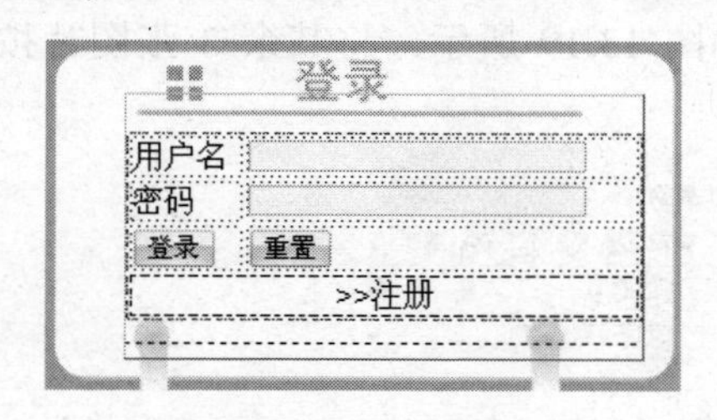

图 13.14　登录块

图 13.15　图书咨询栏目

6．淘书之乐栏目

在事先准备好的灰色方框上绘制一个"Ap Div 层"，并从淘书之乐给定的文件夹中选取一张图片，修改图片到合适大小。在图片旁边的位置绘制"Ap Div"层，在层中插入 5 行 1 列的表格，并输入本栏目需要进行超链接的标题。如果还有其他内容，可以在它的右下角用层输入">>更多"进行超链接，完成后如图 13.16 所示。

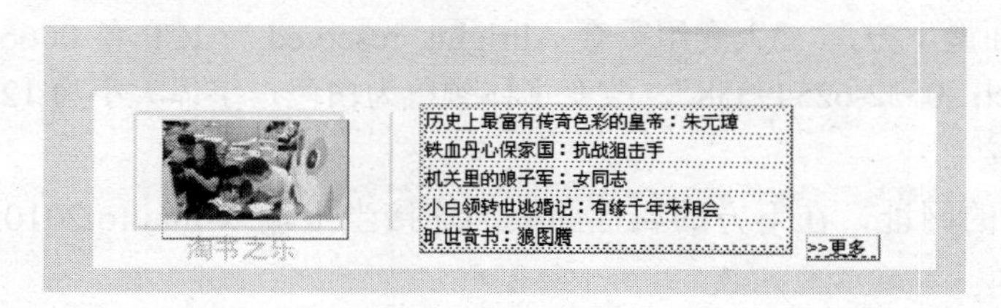

图 13.16　淘书之乐栏目

7．读书评论栏目

选中“插入”→“布局”→“绘制 Ap Div”，在读书评论板块中拖出一条“Ap Div 层”，在层中插入一个 6 行 1 列的表格，输入本栏目需要进行超链接的标题。在标题下方插入三张图片，完成后如图 13.17 所示。

8．好书评选栏目

选中“插入”→“布局”→“绘制 Ap Div”，在好书评选板块中拖出一条“Ap Div 层”，从素材库中选取一张图片插入层中，按一下“Enter”键，在图片下方输入“>>欢迎进入好书评选”，完成后如图 13.18 所示。

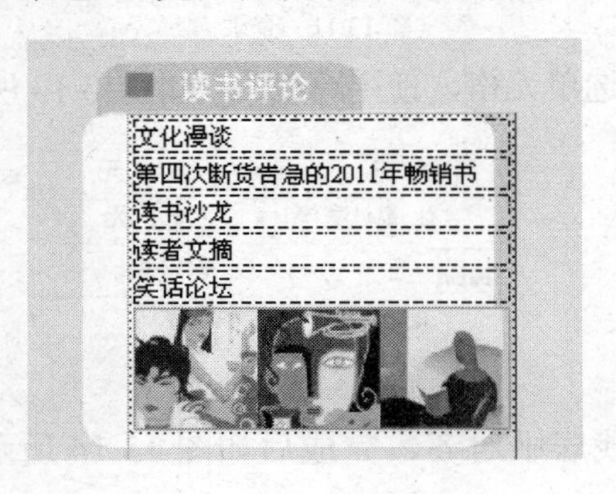

图 13.17　读书评论栏目

图 13.18　好书评选栏目

9．友情链接板块

在友情链接板块处，选中“插入”→“布局”→“绘制 Ap Div”，在友情链接板块中拖出一条“Ap Div 层”，在层中插入一个 1 行 4 列的表格。可以从网上搜寻一些图片进行链接，需将图片大小修成宽 100、高 35，并将图片链接到相应网站。链接方式，在下方的属性栏中寻找链接，输入相应的网址，将边框改为 0，如图 13.19 所示。将其余 3 张图片按同样的方式进行操作，完成后如图 13.20 所示。

图 13.19　设置属性栏

图 13.20　友情链接栏

10．版权

将版权输入页面最下方，“©大赛组委会 Allrights reserved 青 ICP 备 006666661 号 E-mail：2010zjy@163.com Tel：0532-62549358”，改变字体颜色为白色，字体大小为 12 号。

11．E-mail 连接

选中 E-mail 后的网址，在下方的属性面板的连接当中输入 mailto:2010zjy@163.com，如图 13.21 所示。

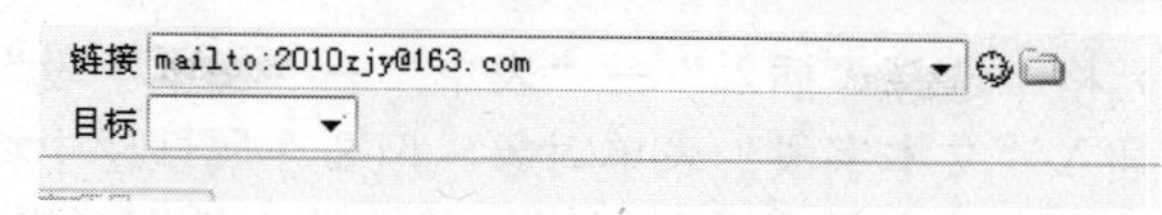

图 13.21　E-mail 链接对话框

12．Flash 的插入

选中"插入"→"布局"→"绘制 Ap Div"，在导航栏下方拖出一条"Ap Div 层"，选中"插入记录"→"媒体"→"files"（见图 13.22）插入事先做好的 files 动画，修改属性栏中的参数为：wmode，值为：transparent，如图 13.23 所示。

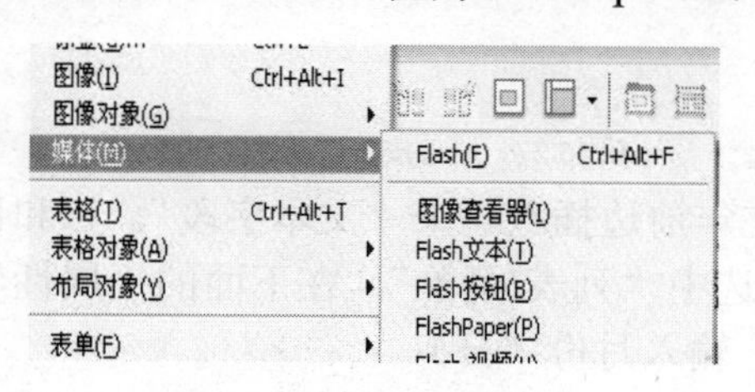

图 13.22　flash 的插入

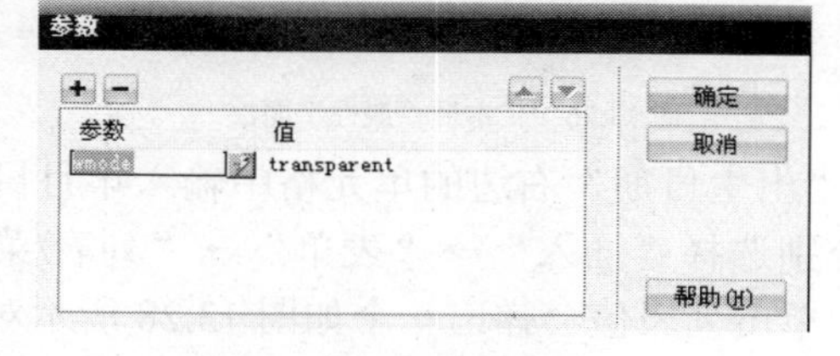

图 13.23　参数修改

最后，将导航栏、各栏目标题进行超链接。读书网站首页的总体效果如图 13.1 所示。

三、次页面的编辑

（1）在站点上新建一个文件夹，命名为"html"。

（2）在"html"这个文件夹中新建一个页面"zhuce.html"，双击打开页面后单击"插入记录→图像"找到"dsw\image"子文件夹下的"次页面.jpg"确定后，在下方的"属性"面板中选择居中对齐。如图 13.24 所示，使用"Ap Div"创建一个层后输入"用户注册"，字体为黑体、大小为 24、颜色为白色。

图 13.24　创建用户注册标题

（3）在深绿色处绘制一个"Ap Div"层，选择"插入"→"表单"插入一个红色的表单，在表单中插入一个 9 行 2 列的表格，输入如图 13.25 所示内容。

图 13.25　输入内容

在第一行第二个单元格中选择“插入”→“表单”→“文本字段”；“密码”与“确认密码”右边的单元格中也插入“文本字段”表单对象。但要在属性栏中将它们的“类型”设置为“密码”，如图 13.26 所示。“性别”右边的单元格中输入性别“男”、“女”，连续两次选择“插入”→“表单”→“单选按钮”插入单选按钮。单选按钮设置为“xb”，选定值为“男”（或女），如图 13.27 所示。

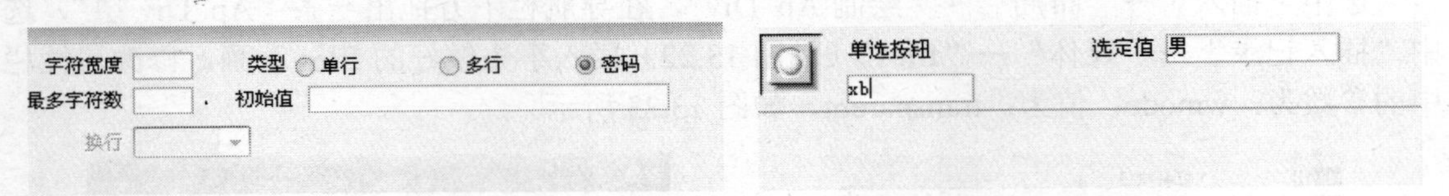

图 13.26　文本框“属性”面板　　　　图 13.27　单选按钮“属性”面板

“出生日期”右边的单元格中输入年月日，并在年前边插入一个“文本字段”，月和日前边分别选择“插入”→“表单”→“列表/菜单”，选中“列表/菜单”，在下面的“属性”面板中单击列表值会弹出一个如图 13.28 所示对话框，输入月份（日）。

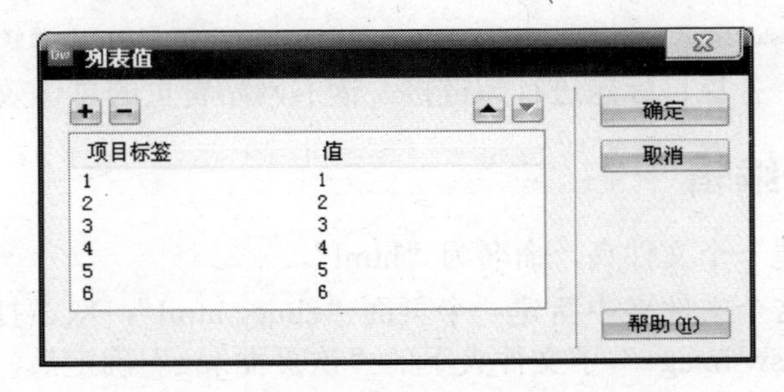

图 13.28　“列表值”对话框

“爱好”右边的单元格中连续选择“插入”→“表单”→“复选框”，在该单元格中插入 2 个复选框，在复选框旁边输入复选框的介绍文字（游泳、跑步），如图 13.29 所示。

爱好　游泳　跑步

图 13.29　“爱好”设置

“文化程度”右边的单元格中选择“插入”→“表单”→“列表/菜单”，在该单元格插入了一个列表/菜单对象，选中刚插入的列表/菜单表单对象，在下方的属性栏中单击“列表值”，向其中添加如图 13.30 所示内容。

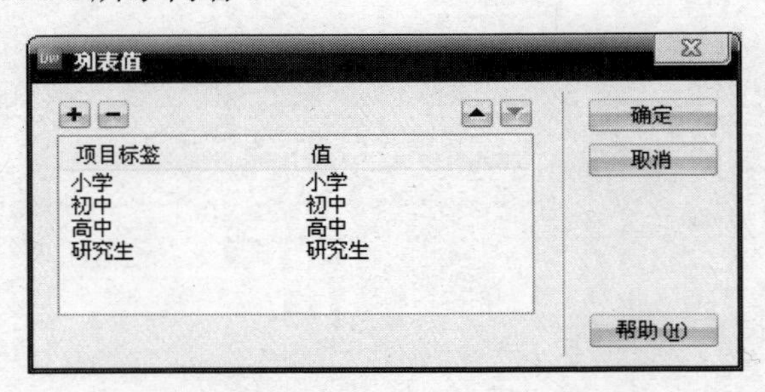

图 13.30　“列表值”对话框

“email”右边单元格中选择“插入”→“表单”→“文本字段”即可，注册完成后如图 13.31 所示。

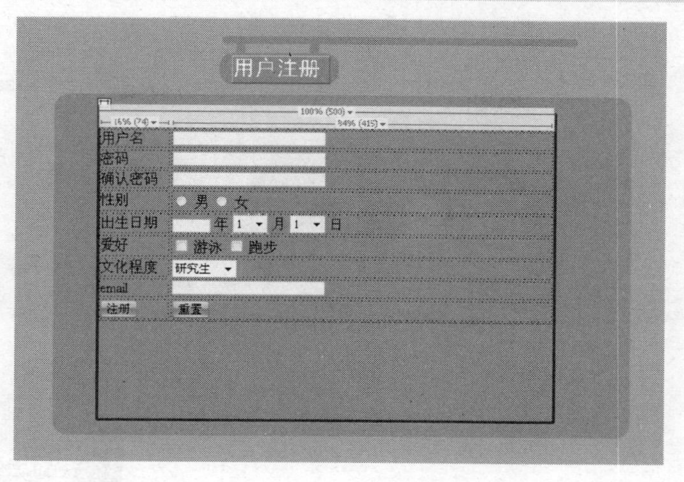

图 13.31　用户注册完成

读书网网站次页面的总体效果如图 13.32 所示。

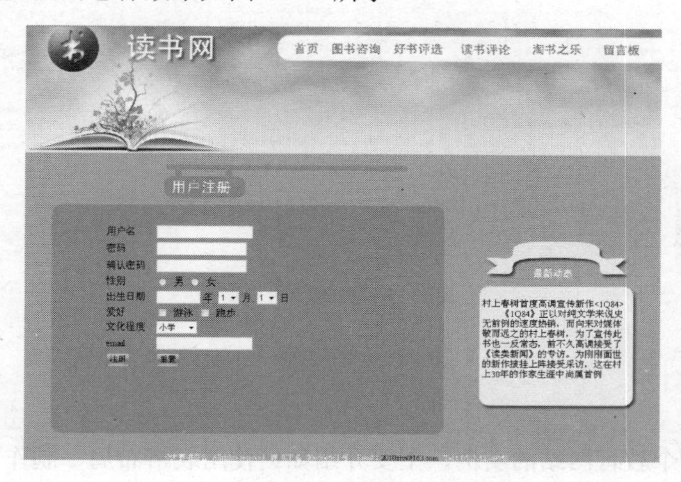

图 13.32　次页面效果图

	任务评估细则	学生自评	学习心得
1	熟练使用 Div + CSS 进行网页布局		
2	进一步理解网站中常用标记的使用		
3	熟练使用网页常用编辑工具		

任务二　尚实教育网案例解析

实例展示：

如图 13.33 所示为尚实教育网站首页。

图 13.33　尚实教育网首页

任务背景

本任务通过一个教育网站的实例，主要介绍如何使用表格布局、制作网页浮动图像以及如何建立各种超链接。

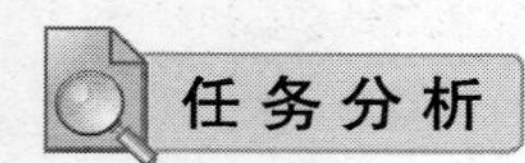

任务分析

- 教育网站背景概述
- 制作网页浮动图片及表格的使用
- 制作热点超链接

任务实施

本实例结构简单、传统，适用于不同类型的网站。在网页制作过程中需要熟练掌握网页布局、表格嵌套、图片动态显示的制作方法。

1．创建站点并设置页面属性

启动 Dreamwerver 后，执行“站点—新建站点”命令，系统会弹出一个窗口，这是一个

定义站点的向导，单击打开“基本”选项卡，给网站定义一个名称“尚实教育网”。在如图 13.34 所示对话框中，单击“完成”按钮，这样一个本地站点就创建成功了。

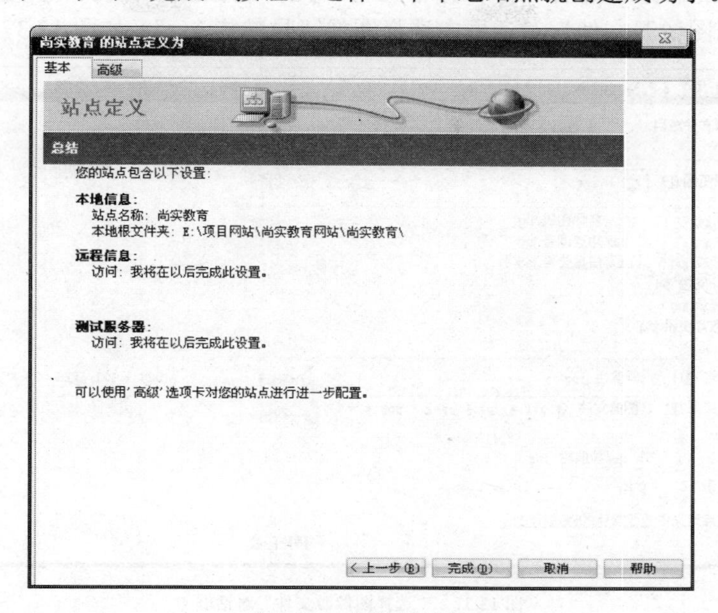

图 13.34　完成站点建立

选择菜单栏中的“窗口/文件”命令，就可以在文件面板中看到定义好的站点。在 Dreamweaver 中新建一个普通的 HTML 网页文件，新建文件 index.html（主页文件），并新建两个文件夹 image，other，如图 13.35 所示。

2．制作标题栏和导航栏

制作网站首页的标题栏和导航栏，按如下步骤进行。

将光标定位在编辑窗口中，单击“插入”面板中的“表格”按钮。

打开“表格”对话框，在对话框中输入行数和列数为 5 和 3，输入边框粗细、单元格边距、单元格间距为 0，如图 13.36 所示。

本地文件	大小	类型
站点 - 尚实教育 ...		文件
image		文件
other		文件
index.html	1KB	360s

图 13.35　定义好的站点

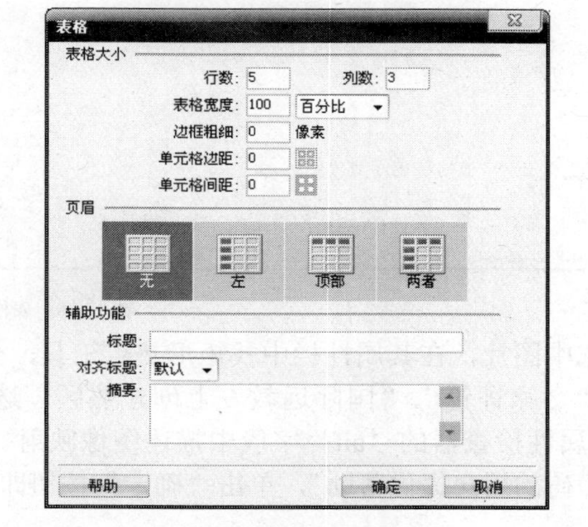

图 13.36　“表格”对话框

单击“确定”按钮在网页中插入表格，选中嵌套表格，在“属性”面板中设置其居中对齐。将第一行、第二行和最后一行合并单元格。光标定位在表格内，单击“插入记录”→“图像”在“选择图像源文件”对话框中选择图像“导航栏.jpg”，如图 13.37 所示。

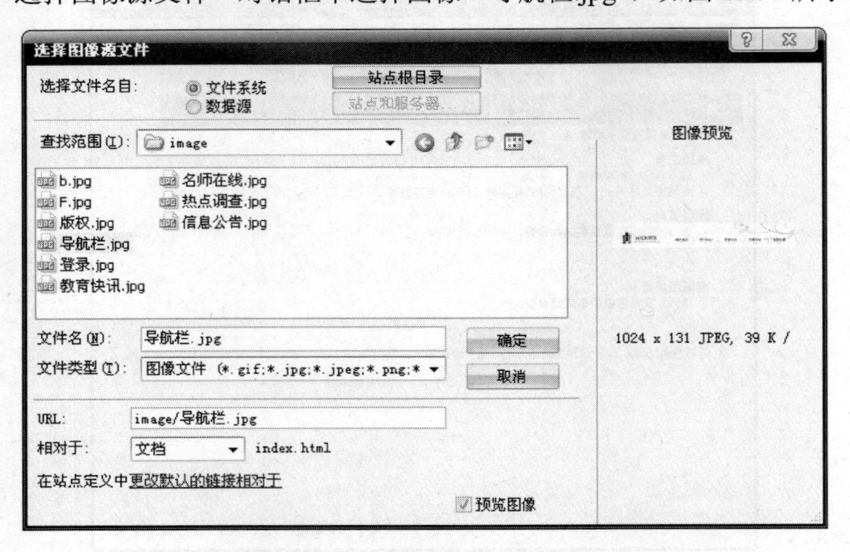

图 13.37　“选择图像源文件”对话框

单击“确定”按钮，标题图像插入表格内，如图 13.38 所示。

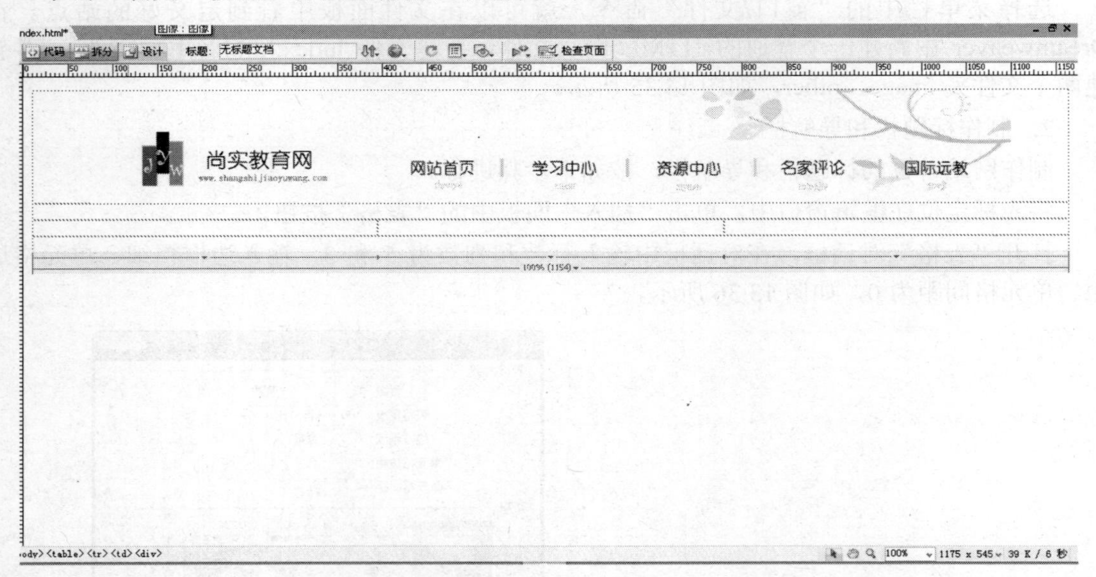

图 13.38　表格内容

选中图片，在其属性栏中找矩形热点工具，分别在“网站首页”、“学习中心”、“资源中心”、“名家评论”、“国际远教”上创建热区，选中热区，在创建热区时会出现一个对话框“请在属性检查器的‘ait’字段中描述图像映射。此描述可以为那些借助工具阅读网页的有视觉障碍的用户提供帮助”，单击“确定”按钮即可，如图 13.39 所示。

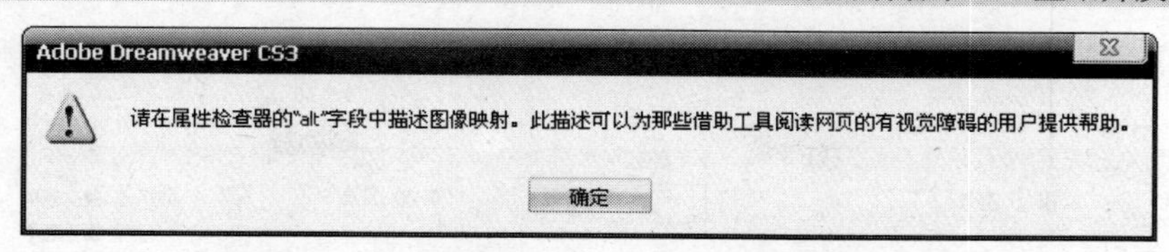

图 13.39　设置图

选中已经创建的热区，在它下方的属性栏中创建超链接（例如网站首页链接到"index.html"），修改替换为"网站首页"，这样在鼠标经过的时候会有文字提示，如图 13.40 所示。

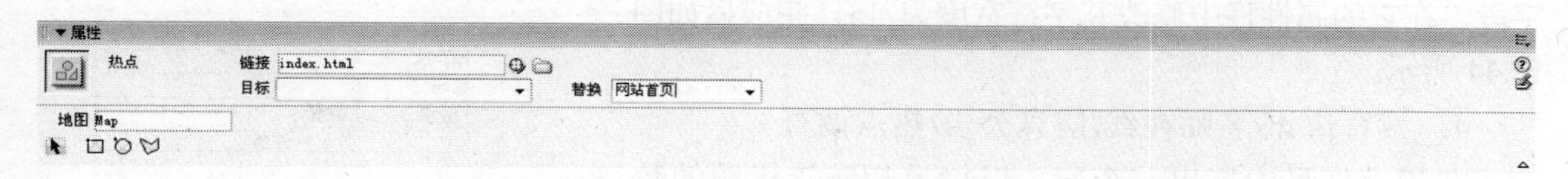

图 13.40　创建超链接属性面板

在第二行的单元格中插入图片"b.jpg"，在第三行一、二、三列，第四行一、二、三列，最后一行分别插入图像"登录.jpg"、"教育快讯.jpg"、"f.jpg"、"信息公告.jpg"、"名师在线.jpg"、"热点调查.jpg"和"版权.jpg"7 张图片，如图 13.41 所示。

图 13.41　页面板块

3．用户登录

选择"插入"面板/布局/绘制"AP Div"，并在用户登录上拖出一个层，在层中插入一个红色的表单，然后再插入一个 2 行 4 列的表格，在建好的表格中第一行第一列输入"用户名:"，第二行第一列输入"密码:"。

接下来在第一行第二列、第二行第二列中插入表单/文本字段。（密码处的文本字段需要修改其类型值为"密码"）然后把字体大小修改为 12 号字体。

在第三行的两个单元格中分别插入表单/按钮，设置第一个按钮的属性值为"登录"，如图 13.42 所示。

修改第二个按钮的属性值为“重置”，如图 13.43 所示。

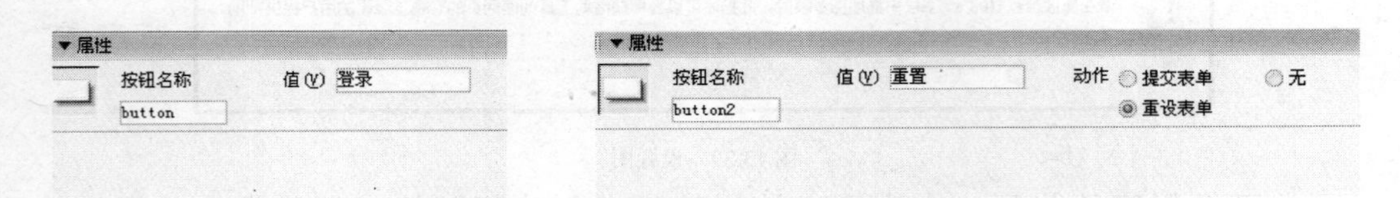

图 13.42 表单/按钮属性面板　　图 13.43 表单/按钮属性面板

为了美观，可以修改一下文本字段的大小，选中文本字段，在它的属性栏中修改其字符宽度为 15，完成后如图 13.44 所示。

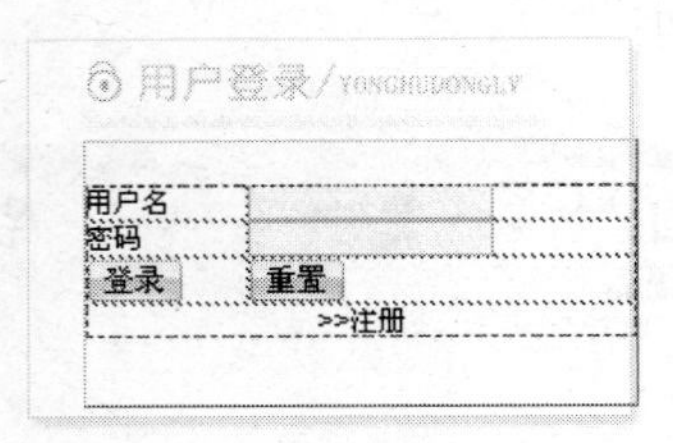

图 13.44 用户登录内容

4．教育快讯/名师在线/信息公告/热点调查

在相应栏目中拖出一个层，以栏目超链接标题的数量插入表格，然后输入标题在属性栏中创建超链接即可，完成后如图 13.45 所示。

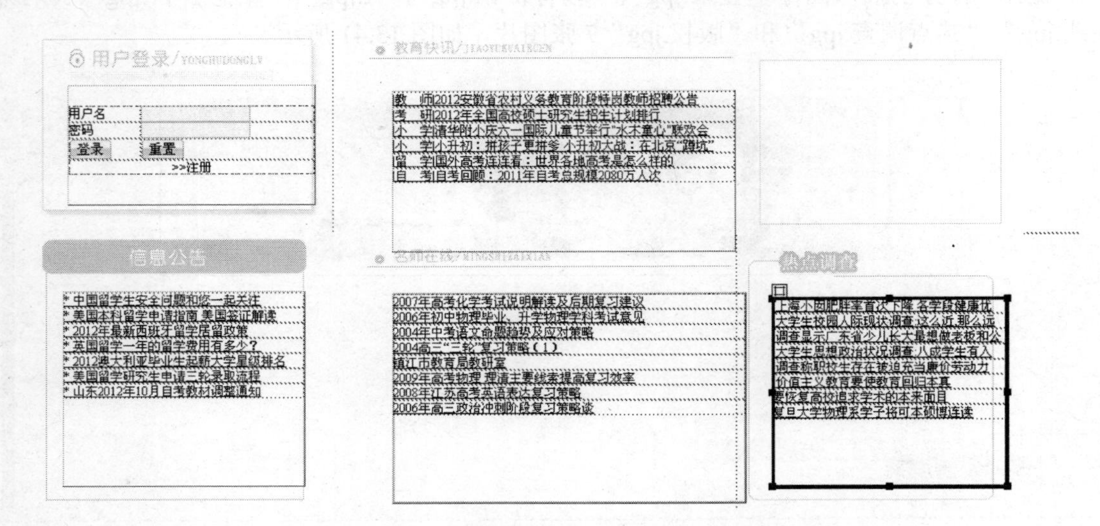

图 13.45 设置超链接

5．Flash 插入

在最后一个栏目中拖出一个层，选择菜单栏中的插入记录/媒体/Falsh，将之前在 Falsh 中做好的动画“dh.swf”插入层中，选中 Flash 动画，在下方的属性栏中修改其宽为 220、高为 160。

6．浮动图片

在网站左侧拖出一个层，然后在层中插入图片“tp.jpg”，修改图片的宽为 200、高为 150。然后选择菜单栏中的窗口/时间轴，如图 13.46 所示。

将层选中，拖到时间轴上，将图片拖到第 60 帧处，让向下移动。将时间轴上的“自动播放”、“循环”选中，如图 13.47 所示。

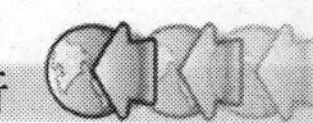

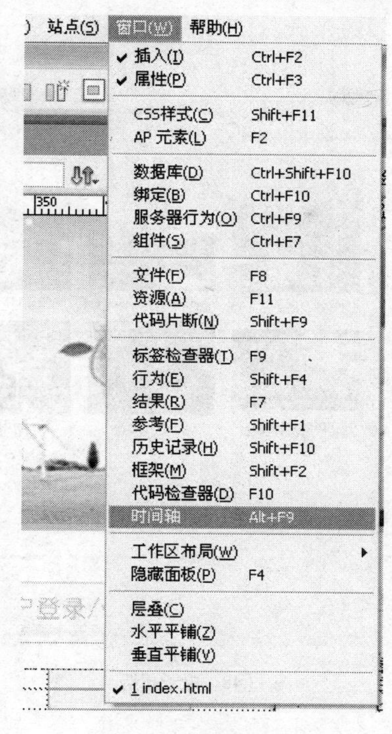

图 13.46　窗口菜单

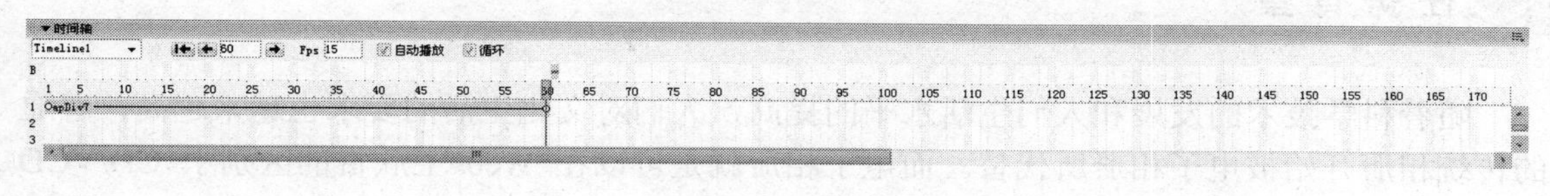

图 13.47　时间轴

按 F12 键预览，图片将会向下移动。

这样尚实教育网站的首页就制作完成了。

过程评价

	任务评估细则	学生自评	学习心得
1	教育网站背景概述		
2	制作网页浮动图片		
3	使用表格布局		
4	制作热点超链接		

任务三　电子相册案例解析

实例展示：

如图 13.48 所示为电子相册。

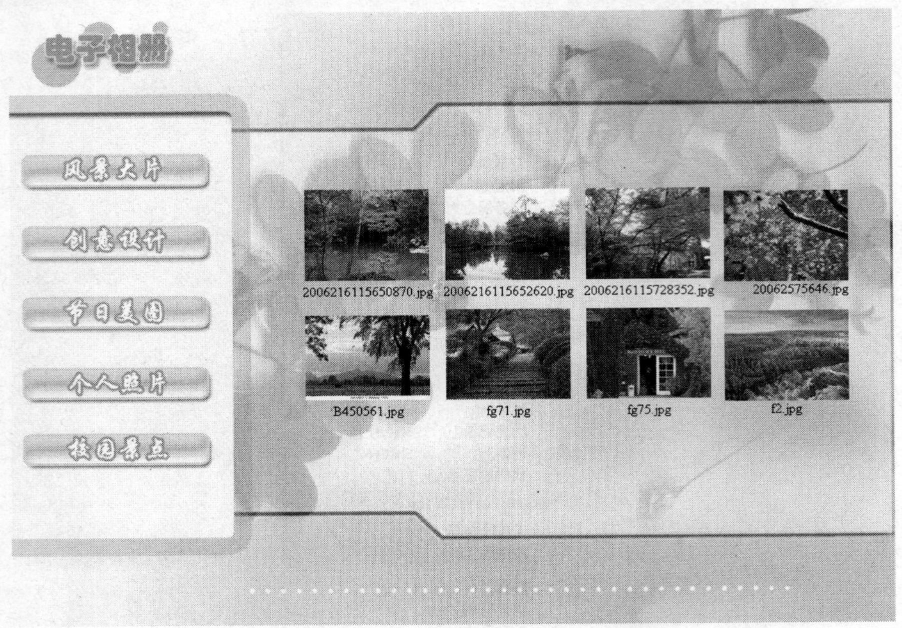

图 13.48　电子相册

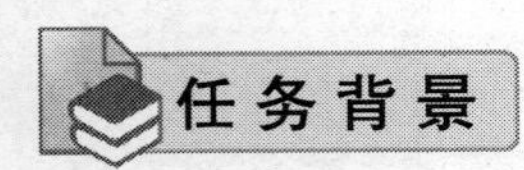

任务背景

随着科学技术的发展和人们生活水平的提高，人们对文化生活的要求也越来越高，普通的传统相册开始被电子相册所代替。而电子相册就是可以在 Web 上欣赏的区别于 CD/VCD 等静止图片的应用系统，其内容不局限于摄影照片，也可以包括各种艺术创作照片。电子相册具有传统相册无法比拟的优越性：图、文、声、像的表现手法，随意修改编辑的功能，快速的检索方式，永不褪色的恒久保存特性以及廉价复制分发的优越手段。本例将详细介绍一个简单的电子相册的制作过程。

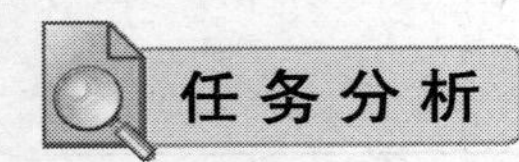

任务分析

- Web 相册的建立和编辑

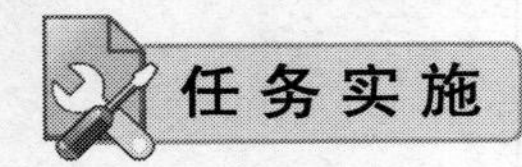

任务实施

电子相册建立的操作步骤如下。

1．新建“个人相册”站点

启动 Dreamweaver，新建一个站点，并直接在“站点定义为”对话框的“高级”选项卡中设置：“站点名称”为“grxc”，本地根文件夹“C:\Documents and Settings\Administrator\桌面\grxc\”，默认图像文件夹（这些可以在桌面提前建好）为：“C:\Documents and Settings\Administrator\桌面\grxc\tuxiang\”，如图 13.49 所示。

站点名称(N): grxc

本地根文件夹(F): C:\Documents and Settings\Administrato

默认图像文件夹(I): C:\Documents and Settings\Administrato

链接相对于: 文档(D)　站点根目录(S)

HTTP 地址(H): http://

此地址用于站点相对链接，以及供链接检查器用于检测引用您的站点的 HTTP 链接

区分大小写的链接: 使用区分大小写的链接检查(U)

缓存: 启用缓存(E)

缓存中保持着站点资源和文件信息，这将加速资源面板，链接管理和站点地图特性。

图 13.49　定义站点

2．新建“个人相册”页面

新建一个页面类型为 HTML 的空白页面，保存文件名为 fjdp.html，如图 13.50 所示。

在页面编辑窗口上方的标题文本框中输入“风景大片”，选择“创建网站相册”命令，在“创建网站相册”对话框中设置“相册标题”为“个人相册”，副标信息为“风景大片”，“源图像文件夹”指定到事先准备好的文件夹（素材库中的 grwz/image 文件夹中），“目标文件”指向“grwz/fjdp”文件夹，“缩略图大小”从下拉列表中选择“144 × 144”，“列”的值为“4”，其余项值为默认，单击“确定”按钮，如图 13.51 所示。

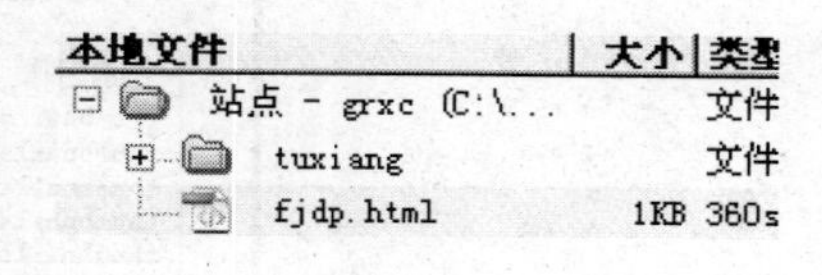

图 13.50　站点完成

创建网站相册

相册标题: 个人相册

副标信息: 风景大片

其他信息:

源图像文件夹: file:///C|/Documents and Settings　浏览...

目标文件夹: file:///C|/Documents and Settings　浏览...

缩略图大小: 144 x 144　显示文件名称

列: 4

缩略图格式: JPEG - 较高品质

相片格式: JPEG - 较高品质　小数位数: 100 %

为每张相片建立导览页面

确定　取消　帮助

图 13.51　“创建网站相册”对话框

系统自动将制定的“源图像文件夹”中的图像按指定的像素大小在 Photoshop 中进行裁剪处理，处理后放到“fjdp”文件夹下的“缩略图”文件夹中，这时会弹出一个“相册已经建立”的提示，单击“确定”按钮会自动在“fjdp”文件夹下新建一个名为“index.htm”的页面，选中所有图片右对齐，效果如图 13.52 示。至此，建立个人相册的任务完成。

图 13.52　裁剪后的图像

将所有图片选中并剪切，单击“插入记录→图像”，找到之前做好的模板素材图片插入页面中，将插入的图片居中对齐。在模板的浅绿色区域插入一个层，将之前剪切的图片插入层中。这时将会弹出一个窗口“请为每张图像输入一段描述文字”，可以对描述自拟，不能空白，否则图片将不会显示在层中，如图 13.53 所示。

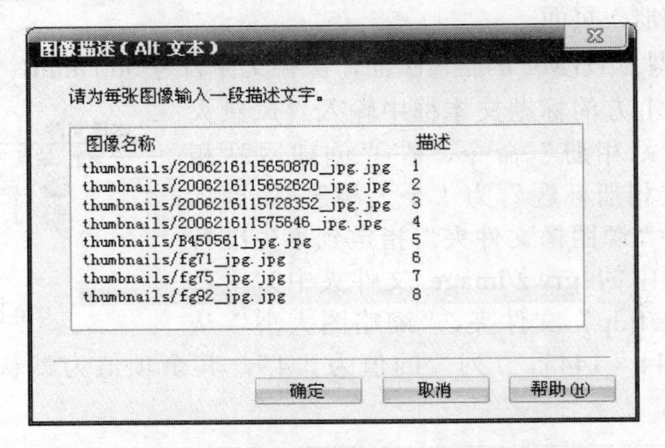

图 13.53　“图像描述”对话框

为了页面的美观，可以将图片上方的标题（个人相册、风景大片）删除，只留图片部分，然后按 F12 键进行预览，单击图片，可以预览到大图，如图 13.54 和图 13.55 所示。

图 13.54　个人相册

图 13.55　风景图片

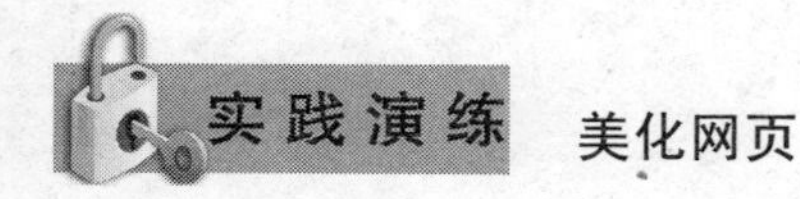

实践演练　美化网页

【操作步骤】

打开“课堂实践”文件夹中的网页，运用学过的方法和技巧对网页的页面布局、颜色搭配、文字图像进行合理调整和优化，然后浏览其效果，直到自己满意为止。

过程评价

任务评估细则		学生自评	学习心得
1	个人相册的制作		
2	课堂实践		

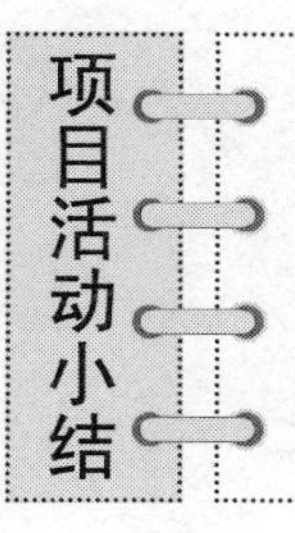

项目活动小结

通过本项目的学习对网页已有了基本的认识，在制作网站的过程中要注意以下几点：

- 要注意培养自己的审美能力；
- 要注意培养自己沟通和分析问题的能力；
- 要有编写策划书的能力。

项目活动十四
发布与维护网站

项目活动描述

网站设计制作完毕后，需要上传到 WWW 服务器，以供上网者访问。发布网站之前需要对网站进行测试与整理，需要在服务器端建立（或申请）网站空间，需要使用上传软件上传站点文件。站点发布后还需要在日常生活中不断进行维护和管理。

本项目的教学目的就是要让网页制作者能顺利地将制作好的网站发布与推广出去，能在日常生活中对网站进行必要的维护。接下来将讲解网站的发布推广和对网站的日常维护。

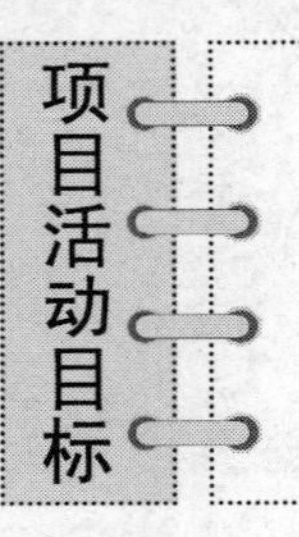

- 学会发布与推广网站。
- 学会对网站进行日常的维护和管理。

任务一 网站的发布

任务背景

网站开发完成后，就可以上传到 Internet 上供用户浏览了。下面就来介绍发布网站的方法和步骤。

任务分析

- 发布站点前的准备工作
- 发布站点的方法和步骤
- 案例任务

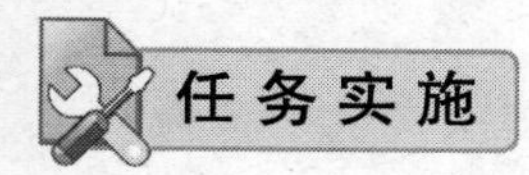

一、发布站点前的准备工作

站点正式发布前需要进行一些准备工作，如图 14.1 所示。

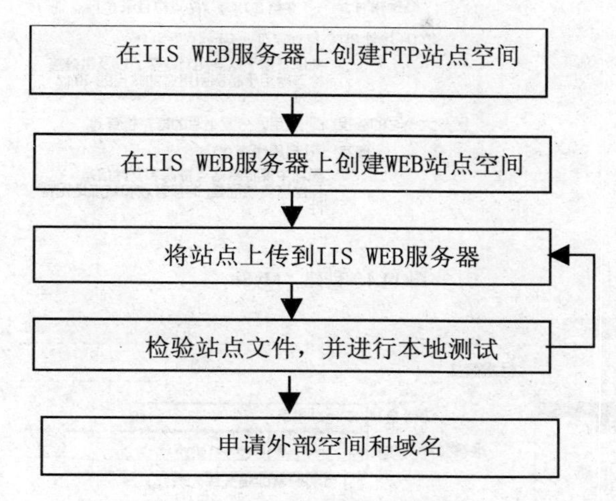

图 14.1　网站发布流程示意图

【操作步骤】

（1）在本地计算机或局域网内另外一台计算机上安装 IIS WEB 服务器。

（2）在“本地 WEB 服务器”上建立一个 FTP 虚拟目录“MySite”，其属性如图 14.2 所示。可根据需要开放“写入”权限。

（3）在“本地 WEB 服务器”上建立一个 WEB 虚拟目录“MySite”，如图 14.3 所示。

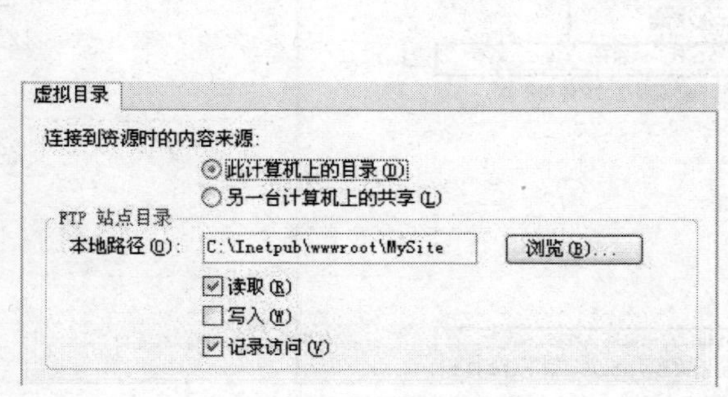

图 14.2　“虚拟目录”对话框

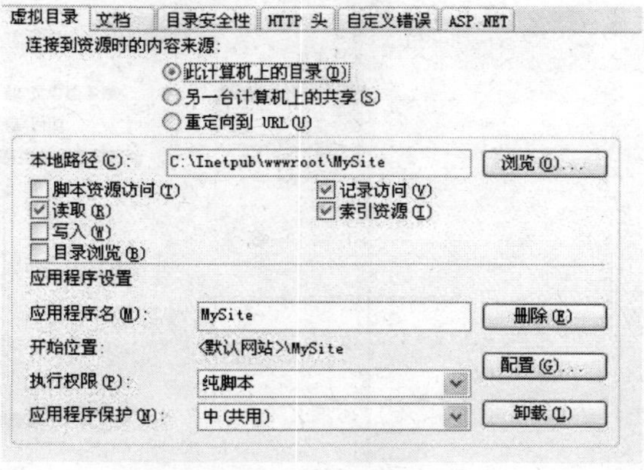

图 14.3　建立虚拟目录

（4）在 Dreamweaver 中创建站点“MySite”，并设定站点的本地信息，如图 14.4 所示。

（5）在 Dreamweaver 中继续进行站点“远程信息”属性的设置，如图 14.5 所示。注意此时“远端文件夹”与上一步中“本地根文件夹”路径是不同的。

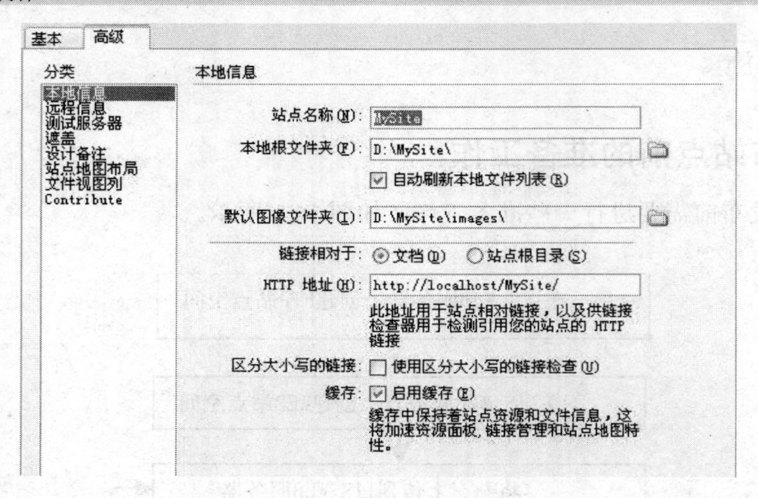

图 14.4　创建“MySite”

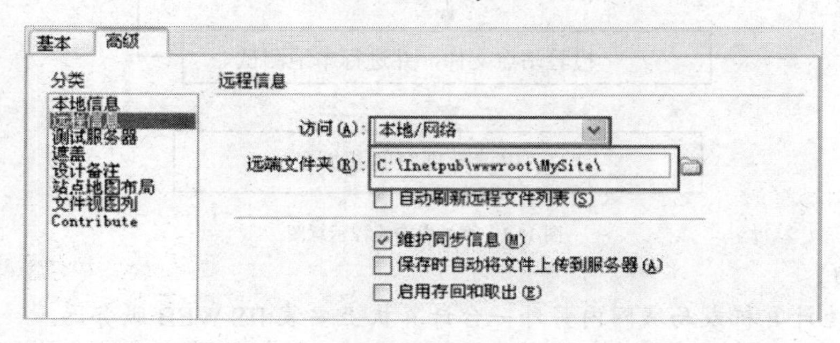

图 14.5　设置远程信息

（6）在 Dreamweaver 中继续进行站点“测试服务器”属性的设置，如图 14.6 所示。注意此时 URL 前缀的设定，可以和“本地信息”中设定的 HTTP 地址一致。

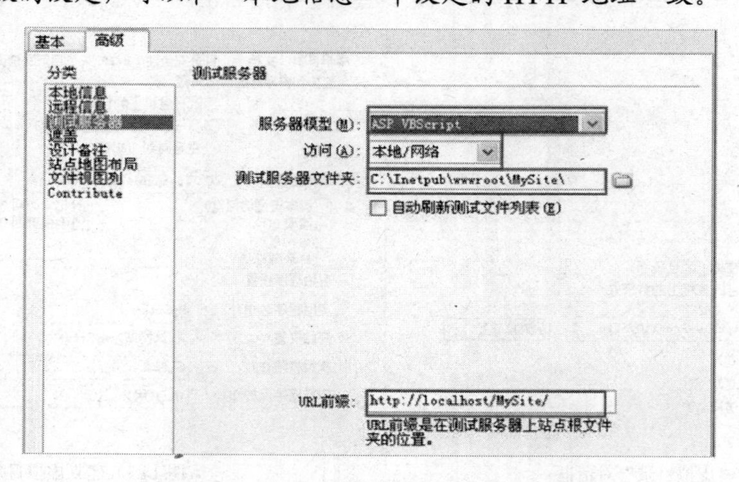

图 14.6　设置测试服务器

（7）单击“文件”浮动面板的“展开以显示本地和远端站点”按钮。然后在窗口右侧“本地文件”中选中“MySite”站点，单击“上传”按钮，将本地站点上传到“本地 WEB 服务器”，如图 14.7 和图 14.8 所示。

图 14.7　上传 MySite 站点

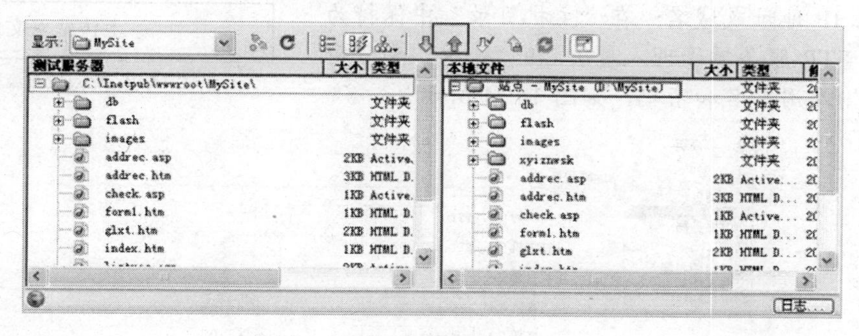

图 14.8　上传过程

（8）启动浏览器，在地址栏输入如下形式的 URL 地址（假定站点主页文件为 index.htm）：http://localhost/MySite/index.htm，预览站点效果。

（9）选中“MySite”站点，单击“站点/报告...”命令，启动“报告”对话框，在“报告在”下拉列表中选择“整个当前本地站点”，并在“选择报告”中选择报告的内容，如图 14.9 所示。

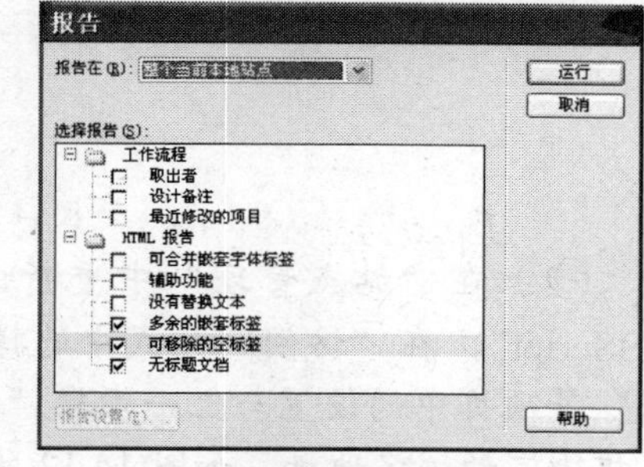

图 14.9　“报告”对话框

（10）单击上面“报告对话框”中的“运行”按钮，即可在“结果”面板中显示站点报告，此时可以针对报告中的内容，对相关网页进行修改和完善，修改后再次上传到“本地 WEB 服务器”，直到满意为止。

（11）在 IDC（Internet Data Center）服务提供商处申请域名和虚拟主机，并在服务商的帮助下完成域名和 IP 地址的绑定，在规定的时间内到信息产业部（http://www.miibeian.gov.cn/）备案。

最后强调一点：操作步骤中（7）～（10）可以多次执行。

提示

在站点测试中需格外注意以下几个方面。

（1）确保页面在目标浏览器中能够如预期的那样工作，并确保这些页面在其他浏览器中要么工作正常，要么“明确地拒绝工作”。

（2）应尽可能多地在不同的浏览器和平台上预览页面。

（3）检查站点是否有断开的链接并进行修复。

（4）监测页面的文件大小以及下载这些页面所占用的时间。

（5）运行站点报告来测试并解决整个站点的问题。

（6）检查代码中是否存在标签或语法错误。

（7）在完成对站点的发布以后，应继续对站点进行更新和维护。

二、发布网站

站点发布的流程如图 14.10 所示。

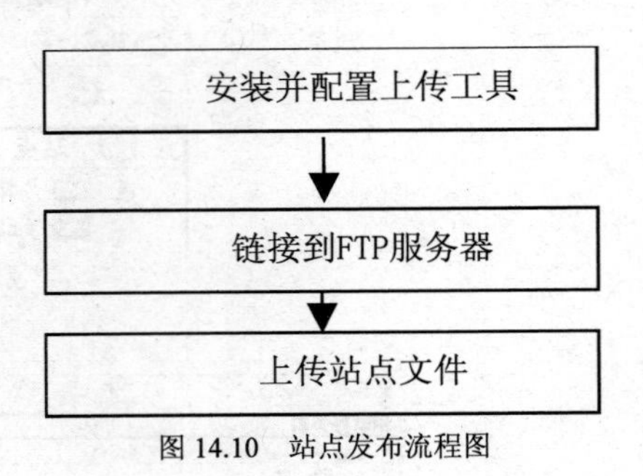

图 14.10　站点发布流程图

【操作步骤】

方法一：选择 Dreamweaver 进行上传。

（1）在“站点管理”中重新设置“远程信息”。在“访问”方式中选择“FTP”；在“FTP 主机”中输入远端 FTP 主机 IP 地址或域名；在“主机目录”中保持为空（或咨询 FTP 服务器管理人员）；在“登录”和“密码”中分别输入用户名和密码，如图 14.11 所示。

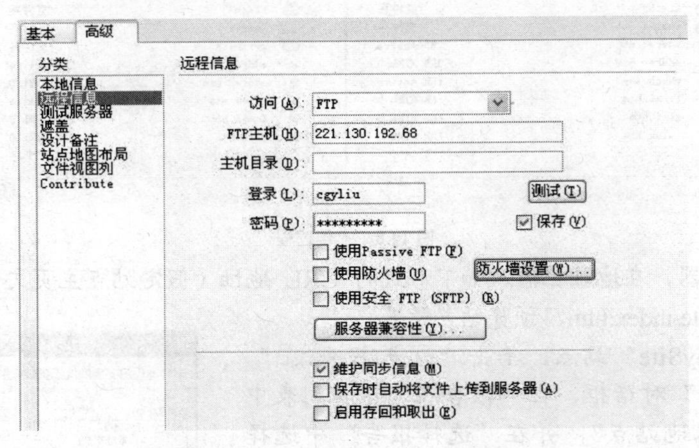

图 14.11　设置站点管理中的“远程信息”

（2）在“站点管理”中重新设置“测试服务器”。在“服务器模型”中选择“ASP VBScript”，在“访问”方式中选择“FTP”，在“FTP 主机”、“主机目录”、“登录”、“密码”等项目中的设置与上一步骤“远程信息”的设置一样，在“URL 前缀”中输入与虚拟主机绑定的域名地址，如图 14.12 所示。

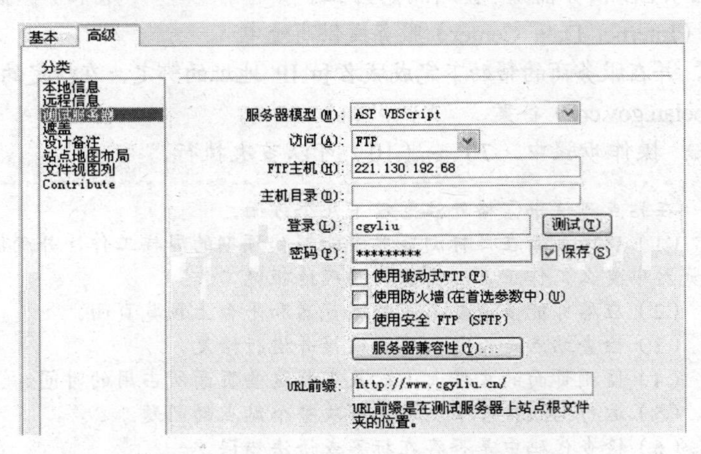

图 14.12　在站点管理中重新设置“测试服务器”

（3）上传文件。此时若没有启用“文件”面板，按 F8 键将其启用，并切换到“文件”

选项卡，选定希望发布的站点与节点，单击“上传”按钮即可。

方法二：选择 LeapFTP 进行上传。

（1）进行软件设置，包括将登录的服务器站点名称、IP 地址、用户名、密码等信息，如图 14.13 所示。

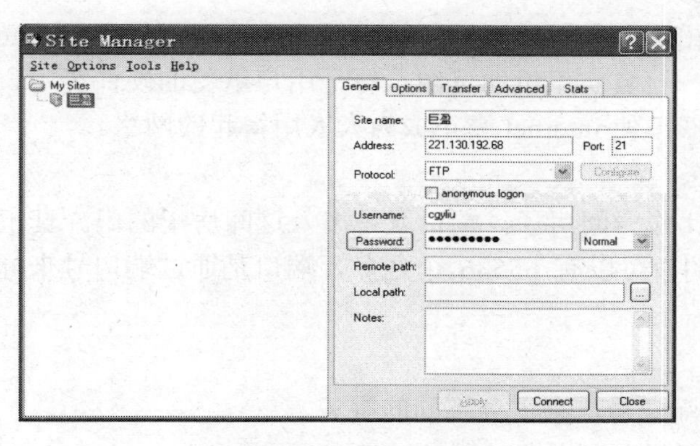

图 14.13　进行软件设置

（2）链接到 FTP 服务器。在“Site Manager”（站点管理器）中，选定要链接的站点，然后单击“Connect”（连接）按钮，即可进行 FTP 站点的链接了。软件运行界面如图 14.14 所示。

（3）上传文件。

① 在“本地路径”窗口中选择本地站点的根路径，在“服务器路径”窗口中选择文件将要上传的位置。

② 右键单击“本地路径”窗口中的站点根路径，在弹出的快捷菜单中选择“Upload”选项，即可将站点上传到 FTP 服务器，如图 14.15 所示。

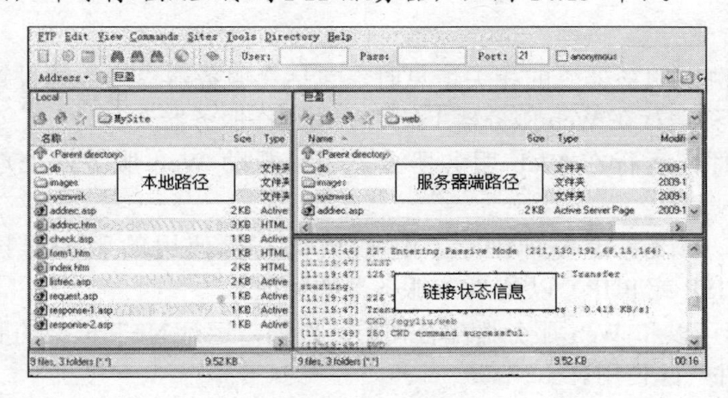

图 14.14　软件运行界面

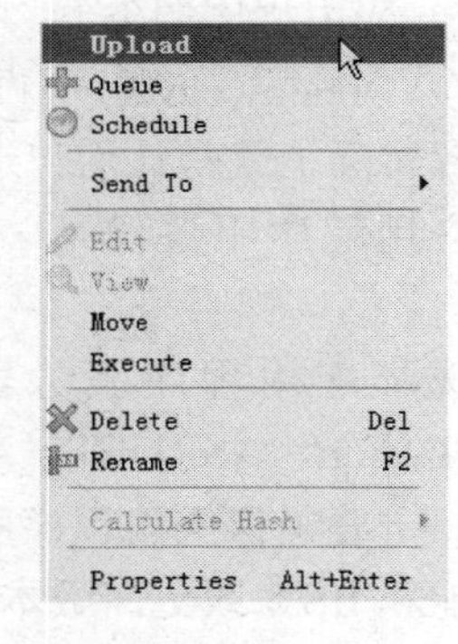

图 14.15　快捷菜单

成长加油站

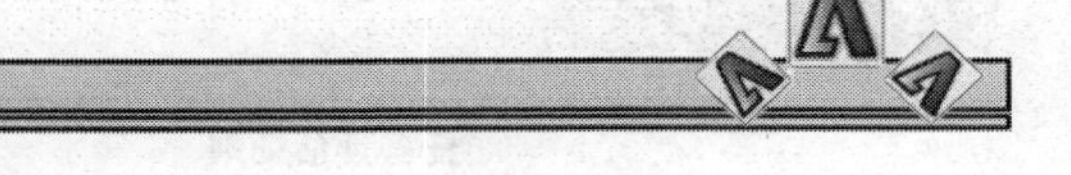

虚拟主机

1．什么是虚拟主机

所谓虚拟主机，也叫“网站空间”，就是把一台运行在互联网上的服务器划分成多个

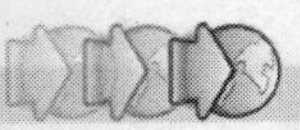

“虚拟”的服务器，每一个虚拟主机都具有独立的域名和完整的 Internet 服务器（支持 WWW，FTP，E-mail 等）功能。一台服务器上的不同虚拟主机是各自独立的，并由用户自行管理。

2．虚拟主机的优势

虚拟主机技术的出现，是对 Internet 技术的重大贡献，是广大 Internet 用户的福音。由于多台虚拟主机共享一台真实主机的资源，每个用户承受的硬件费用、网络维护费用、通信线路费用均大幅度降低，使 Internet 真正成为人人用得起的网络。

3．什么是端口

如果把 IP 地址比作一间房子，端口就是出入这间房子的门。真正的房子只有几个门，但是一个 IP 地址的端口可以有 65536 个之多。端口是通过端口号来标记的，端口号采用整数，范围是 0～65535。

4．端口的作用

通过“IP 地址 + 端口号”来区分不同的服务。

5．FTP（文件传输协议）的概念

FTP（File Transfer Protocol）是文件传输协议的简称。通过该协议可以完成网络上文件的双向传输。FTP 服务一般运行在 20 和 21 两个端口。端口 20 用于在客户端和服务器之间传输数据流，而端口 21 用于传输控制流。

6．FTP 服务的模式

有主动和被动两种模式。主动模式要求客户端和服务器端同时打开并且监听一个端口以建立链接。在这种情况下，客户端若安装了防火墙可能会产生一些问题，所以创立了被动模式。被动模式只要求服务器端产生一个监听相应端口的进程，这样就可以绕过客户端安装防火墙的问题。

7．应用程序服务器

在 Dreamweaver 中设置“测试服务器”的相关信息时，包括“服务器模型”的设置，该设置实际上就是让用户选择一种运行在 Web 服务器上的“应用程序服务器”。

应用程序服务器是一款软件，运行在 Web 服务器上，用来帮助 Web 服务器处理动态页。

选择应用程序服务器时，应该考虑多种因素，包括预算、要使用的服务器技术（ColdFusion，ASP.NET，ASP，JSP 或 PHP）以及 Web 服务器的类型。

一定要确保应用程序服务器可以和 Web 服务器配合使用。例如，运行.NET 框架的服务器只能和 IIS 5 或更高版本的软件一起使用。

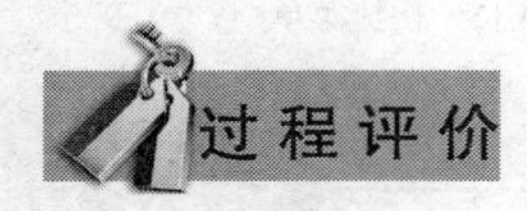

任务评估细则		学生自评	学习心得
1	发布网站的准备工作		
2	发布网站的方法和步骤		
3	测试网站时应注意的事项		

任务二　站点的日常维护

任务背景

站点完成和发布后，在日常工作中就需要不断地更新、维护和管理了。尤其是有滚动新闻（滚动广告）的站点，更加需要添加并编辑最新的新闻信息。效果如图 14.16 所示。

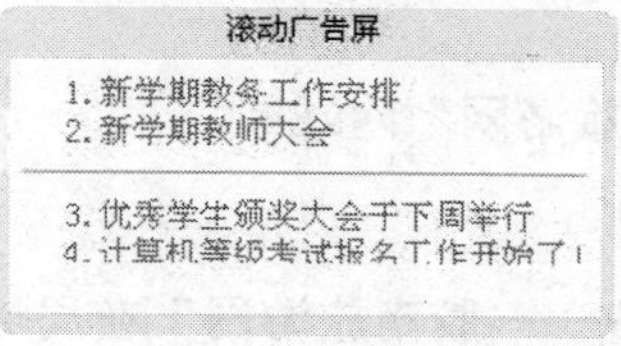

滚动广告屏

1. 新学期教务工作安排
2. 新学期教师大会

3. 优秀学生颁奖大会于下周举行
4. 计算机等级考试报名工作开始了！

图 14.16　滚动广告屏

任务分析

- 网站的日常维护
- 带有滚动广告的网站的更新和维护
- 案例任务

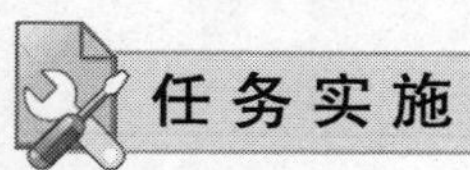

任务实施

跟我学　站点的日常维护

【操作步骤】

（1）选定并打开包含滚动新闻的网页文件（假设是 news.htm），若本地没有该文件，可以从远端服务器下载。

（2）在本地进行更新。

① 在设计视图下将光标定位于包含新闻的表格内部，为确保光标位置正确，可以切换到代码视图进行观察。

② 添加并修改文字信息，并设置好文字信息的超链接。

③ 切换到代码视图，确认信息插入是否正确。

④ 单击 F12 键在浏览器中预览效果，直到满意为止。

（3）将文件上传到服务器。

成长加油站

网站维护的主要内容

网站维护的工作量与网站的规模、网站的类型（动态还是静态）以及网站所采用的技术

（JSP 还是 ASP）等有直接关系。一般来说，一个中等规模的动态站点其维护工作可分为三个方面：网站基础维护、网站安全维护、网络基础维护。

自助建站系统

有些软件开发商研制了“自助建站系统”。利用这类系统，用户只要会上网、会打字就可以轻松地建立自己的个人网站，并且可以快速完成网站的更新和维护工作。这类系统屏蔽了建立和维护网站的深层技术，满足了个人和中小企业快速建站和维护网站的需求。提供这类服务的网站有：“3721 建站网”（www.3721diy.com）和“商易中国”（www.zzjz.cn）等。

发布“胶南旅游网”网站

【操作要求】

以小组为单位，将“课堂实践——胶南旅游网”在局域网中发布，探究网站在局域网中发布和在 Internet 中发布的区别。

任务评估细则		学生自评	学习心得
1	站点维护的方法		
2	站点管理和维护的重要性		
3	管理和维护站点的窍门		
4	课堂实践		

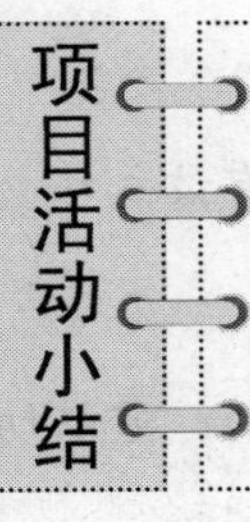

通过本项目的学习能够对站点的发布和管理及维护有一个全面的了解，能够在发布和管理维护站点过程中注意相关的问题和窍门。

- 要注意培养自己的动手实践能力；
- 要注意培养自己发现、分析和解决问题的能力。

成功＝艰苦劳动＋正确方法＋少说空话 ——爱因斯坦

拓展提高

网页艺术设计的借鉴与模仿

拓展活动描述

网页艺术设计是网站建设从技术形态的延伸，以视觉艺术为主要表现形式。它是网页设计者以所处时代所能获取的技术和艺术经验为基础，依照设计目的和要求自觉地对网页的构成元素进行艺术规划的创造性思维活动。

- 学会访问网站和浏览网页，掌握网页艺术设计的内容和原则。
- 学会借鉴和模仿的方法及注意问题。

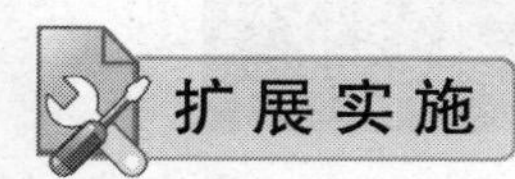

一、网页艺术设计

1．网页艺术设计的内容

网页艺术设计涉及很多具体内容，可以概括为视听元素和版式设计两个方面。

（1）视听元素。这里所说的视听元素，主要包括文本、背景、按钮、图标、图像、表格、颜色、导航工具、背景音乐、动态影像等。无论是文字、图形、动画，还是音频、视频，网页设计者所要考虑的都是如何以感人的形式把它们放进页面这个“大画布”里。多媒体技术的运用，大大丰富了网页艺术设计的表现力。

（2）版式设计。网页的版式设计与报刊杂志等平面媒体的版式设计有很多共同之处，它在网页的艺术设计中占据着重要的地位。所谓网页的版式设计，是在有限的屏幕空间上将视听多媒体元素进行有机的排列组合，将理性思维个性化地表现出来，是一种具有个人风格和艺术特色的视听传达方式。它在传达信息的同时，也产生感官上的美感和精神上的享受。如图 1.1～图 1.3 所示为国外的网页艺术设计。

图 1.1　波兰 ro183 清爽风格网页作品 1

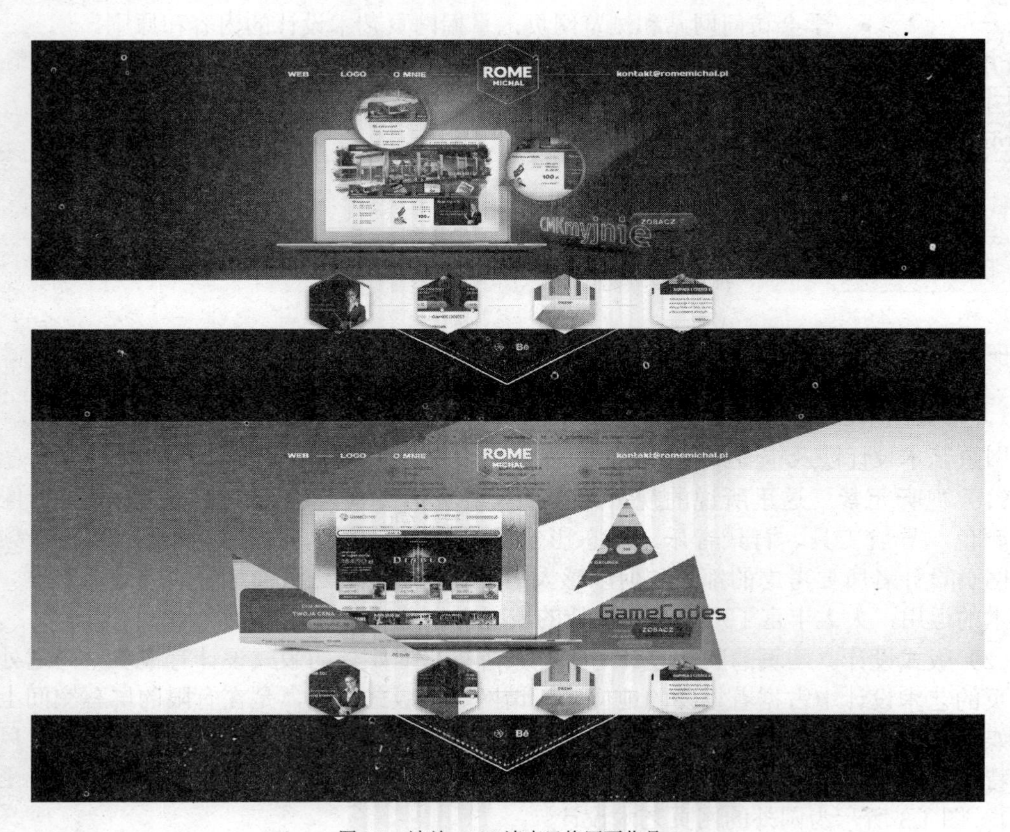

图 1.2　波兰 ro183 清爽风格网页作品 2

因为巧借，牛顿看得更远；因为巧借，牛顿走在了时代的前列。

－－－－借人精华，以铸辉煌－－－－

图 1.3　外国的网页艺术设计作品

2．网页艺术设计的原则

网页作为传播信息的一种载体，同其他出版物如报纸、杂志等在设计上有许多共同之处，但也要遵循一些设计的基本原则。由于表现形式、运行方式和社会功能的不同，网页设计又有其自身的特殊规律。网页的艺术设计，是技术与艺术的结合、内容与形式的统一。它要求设计者必须掌握以下三个主要原则。

（1）主题鲜明。视觉设计表达的是一定的意图和要求，有明确的主题，并按照视觉心理规律和形式将主题主动地传达给观赏者。诉求的目的，是使主题在适当的环境里被人们即时地理解和接受，以满足人们的需求，这就要求视觉设计不但要单纯、简练、清晰和精确，而且在强调艺术性的同时，更应该注重通过独特的风格和强烈的视觉冲击力来鲜明地突出设计主题，如图 1.4 所示。

图 1.4　外国网页艺术

（2）形式与内容统一。任何设计都有一定的内容和形式。内容是构成设计一切内在要素的总和，是设计存在的基础，被称为“设计的灵魂”；形式是构成内容诸要素的内部结构或内容的外部表现方式。设计的内容就是指它的主题、形象、题材等要素的总和，形式就是它的结构、风格或设计语言等表现方式。

内容决定形式，形式反作用于内容。一个优秀的设计必定是形式对内容的完美表现。正如黑格尔所说：“工艺的美不在于要求实用品的外部造型、色彩、纹样去模拟事物，再现现实，而在于使其外部形式传达和表现出一定的情绪、气氛、格调、风尚、趣味，使物质经由象征变成相似于精神生活的有关环境。”（黑格尔《美学》第三卷）。如图 1.5 所示。

（3）强调整体。

网页的整体性包括内容和形式上的整体性，这里主要讨论设计形式上的整体性。

网页是传播信息的载体，它要表达的是一定的内容、主题和意念，在适当的时间和空间环境里为人们所理解和接受，以满足人们的使用和需求为目标。设计时强调其整体性，可以使浏览者更快捷、更准确、更全面地认识它、掌握它，并给人一种内部有机联系、外部和谐完整的美感。整体性也是体现一个站点独特风格的重要手段之一，如 1.6 所示。

图 1.5　国外网页艺术

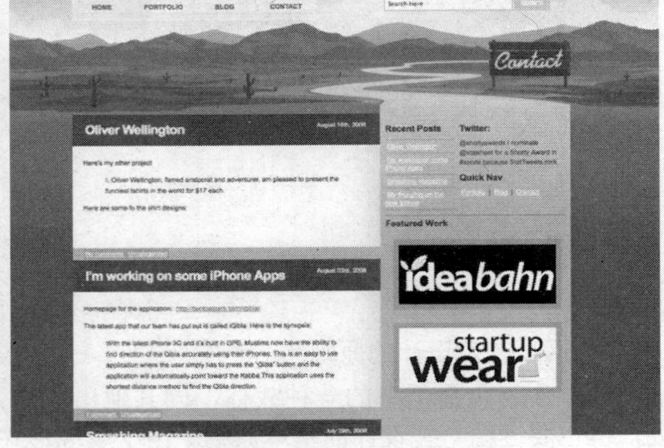

图 1.6　国外网页艺术

二、借鉴和模仿

一个不懂得欣赏优秀网页作品的设计师可能永远都无法懂得借鉴的真谛；一个无法将优秀作品的精髓融入现有需求中的设计师可能永远都无法找到真正的灵感。即便是那些看似独创的设计，其灵感也往往来自设计师在长期借鉴过程中的不断积累。设计源于灵感，灵感源于借鉴——这是每个网页设计师都应该牢记的“成功法则”。

网页设计中界面的借鉴与创新方法如下。

1．采用抓图法进行优秀网页界面的搜索、分类与积累

积累与分类如公司 Logo、banner 广告条、导航条、小图标、动画等。

2．网页界面的分析（借鉴）

① 从平面构成入手。

② 从色彩入手。

借鉴过程中的制作方法需要注意以下三个方面。

（1）文件量化。

（2）构成设计。

（3）颜色统一。

如图 1.7 所示。

因为巧借，牛顿看得更远；因为巧借，牛顿走在了时代的前列。

----借人精华，以铸辉煌----

3．网页界面的创新处理

创新方法：从平面构成与色彩入手创新。

注意：①改变构成设计；②改变色彩，全局统一，局部对比。

4．网页效果图导出成网页，进行后期修饰

网页的后期修饰与创新方法：

① 位置。

② 背景色。

③ 细节修饰（加边、平滑）。

④ 满屏处理。

如图 1.8 所示。

图 1.7　借鉴旅行社登录页面

图 1.8　模仿旅行社登录页面

评估细则		学生自评	学习心得
1	网页艺术设计		
2	借鉴与模仿		

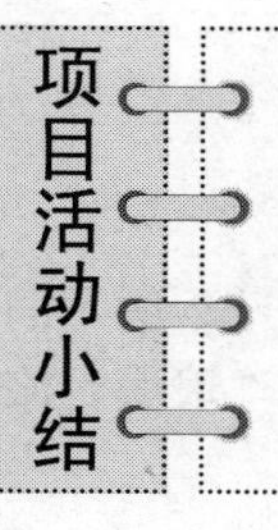

通过对该拓展的学习，能够对网页艺术设计的内涵有了一个全面的理解，认识到网页艺术设计风格的形成是知识和智慧的必然结晶，每一次设计的新“变化”都源于设计师对设计元素与设计方法的新发现或新理解。通过对优秀作品的借鉴和模仿，从页提高自己的策划能力和审美能力。

实例一 旅游信息类网站——琅琊台旅游网网站

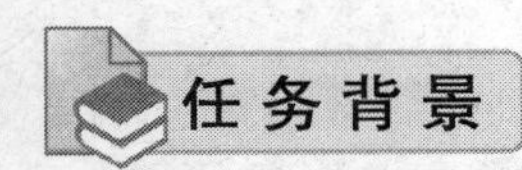

近几年来，各地旅游业发展得如火如荼，旅游网站也随之火热起来。本实例介绍了旅游网站的不同类型及各自特点，并利用一个景点网站“琅琊台旅游网网站”实例的制作过程，引出了众多网页制作中的常用功能，如插入 Flash 文件、识别分辨率显示不同网页等。希望读者通过本实例的学习能够举一反三地创作出大量优秀作品。

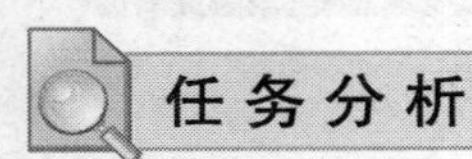

1．制作旅游网站首页
2．制作旅游网站二级页面
3．在网站中加入 Flash 动画
实例展示：
如图 1.1 所示为琅琊台旅游网网站。

一、制作琅琊台旅游网首页

启动 Dreamweaver CS3，执行“站点—新建站点”命令，系统会弹出如图 1.2 所示的对话框。这是一个定义站点的向导，单击“基本”选项卡，给网站定义一个名称“琅琊台旅游网站”。

图 1.1　琅琊台旅游网网站

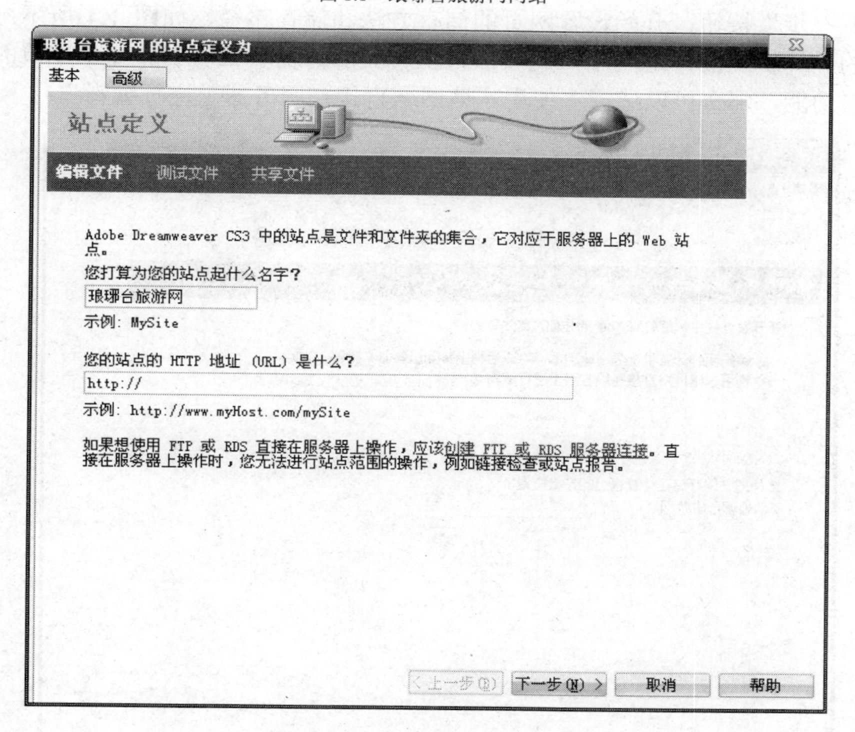

图 1.2　定义站点

单击“下一步”按钮，在如图 1.3 所示的窗口中设置网站是否使用服务器技术，例如 ASP，PHP 等。由于要制作的是静态网站，所以单击“否，我不想使用服务器技术”单选按钮。

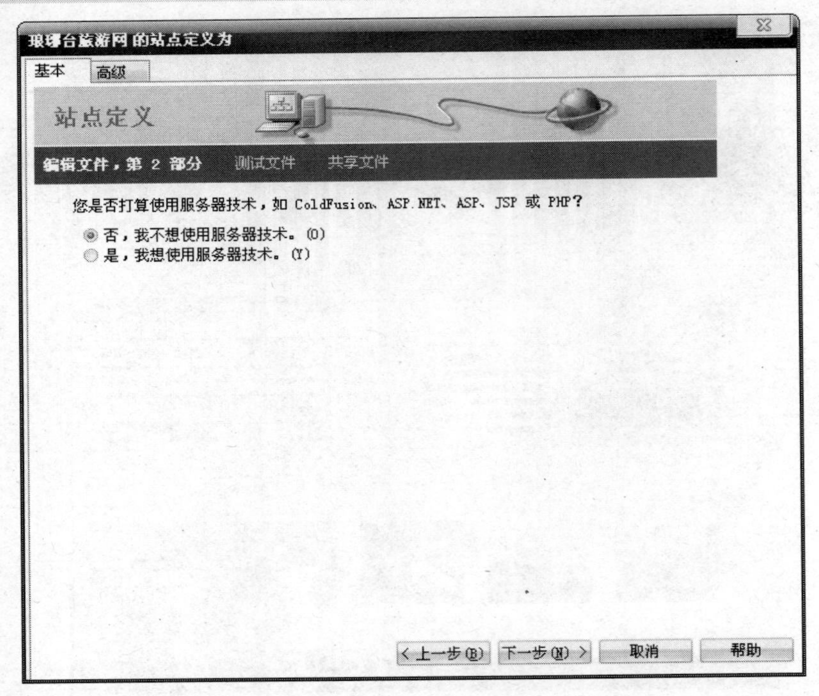

图 1.3　设置 1

单击“下一步”按钮，开始设置网页的储存方法和储存路径，如图 1.4 所示。选择第一项“编辑我的计算机上的本地副本，完成后再上传到服务器（推荐）”。如果申请的网站空间支持在线编辑功能，那么可以选择“使用本地网络直接在服务器上进行编辑”。

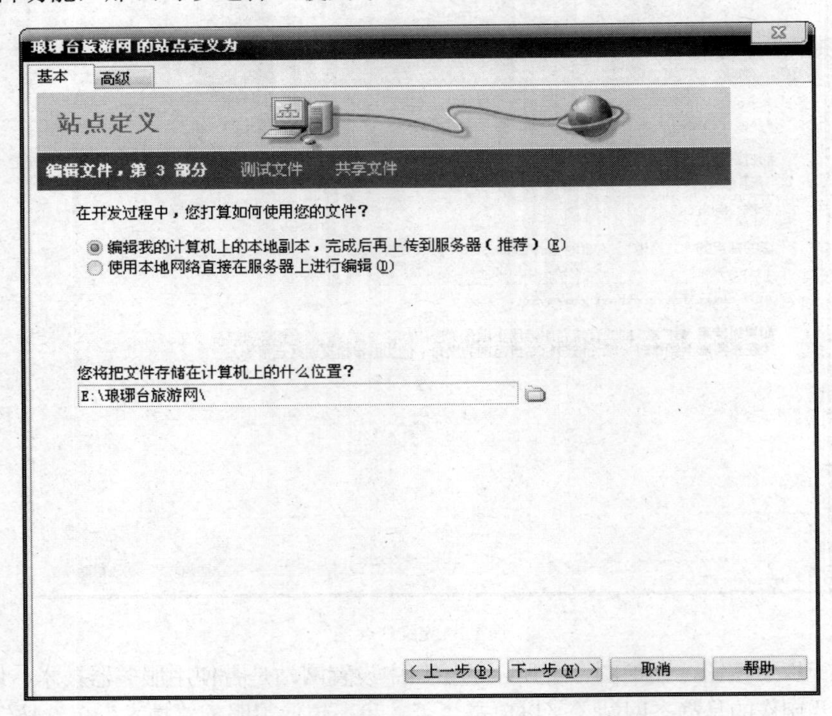

图 1.4　设置 2

光有知识是不够的，还应当运用；光有愿望是不够的，还应当行动。——歌德

选择好一项后，可以在下面的文件选择框中，单击后面的浏览图标选择文件的存放位置。

完成以上设置后单击“下一步”按钮，进入如图 1.5 所示的窗口。在这里选择链接服务器的方式以及网页在服务器上的位置。

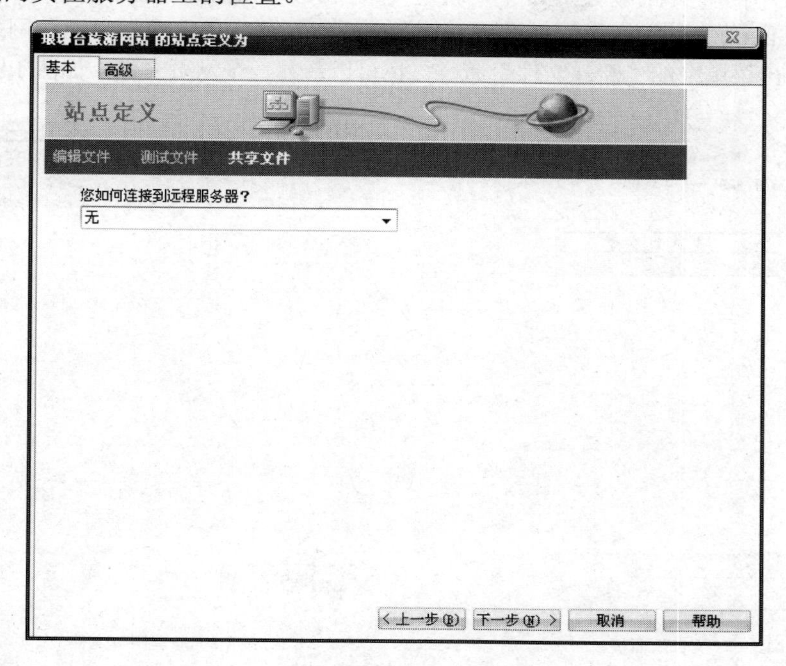

图 1.5　链接

在“您如何链接到远程服务器”下拉列表中选择“无”，单击“下一步”按钮。

在如图 1.6 所示对话框中，单击“完成”按钮，这样一个本地站点就创建成功了。

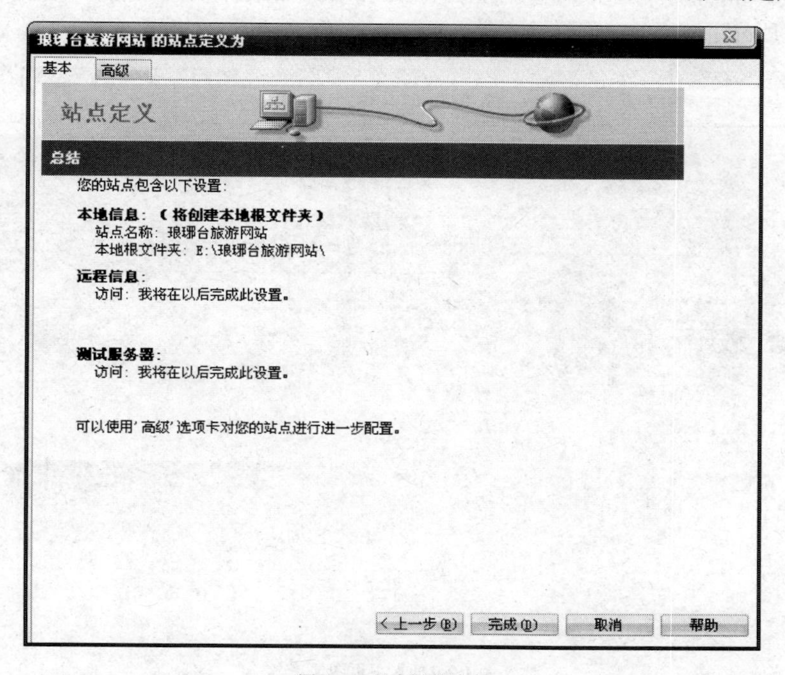

图 1.6　成功创建站点

选择菜单栏中的“窗口/文件”命令，就可以在“文件”面板中看到定义好的站点，如图 1.7 所示。

选择菜单栏中的“文件/新建”命令，新建一个网页，并保存文件为“index.html”；或者选择菜单栏中的“窗口/文件”命令，打开“文件”面板，在“文件”面板显示的网站文件夹上右键单击，选择弹出菜单中的“新建文件”命令，也可以新建一个网页文件，如图 1.8 所示。

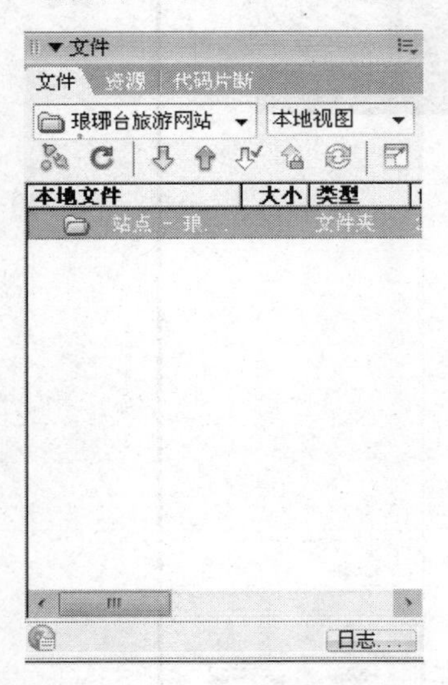

图 1.7　“文件”面板

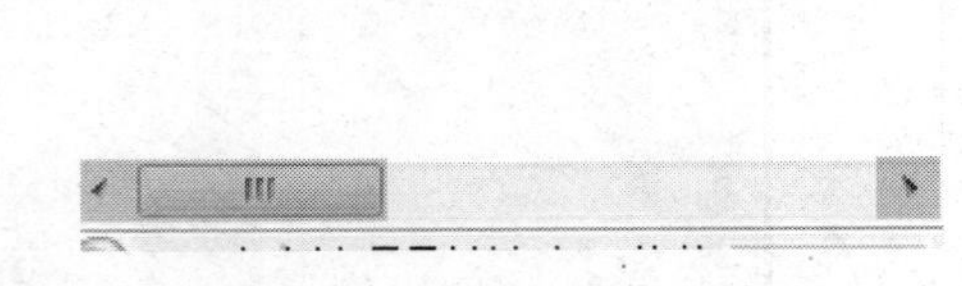

图 1.8　新建网页文件

同样，在“文件”面板中选择站点文件夹，右键单击，在站点根目录下建立“Image”文件夹，用来存放制作网站时的图片素材及用 Photoshop 制作好的主页图像。

双击打开 index.html，选择菜单栏中的“插入记录/图像”命令，插入事先制作好的主页图像，如图 1.9 所示。

图 1.9　插入主页图像

光有知识是不够的，还应当运用；光有愿望是不够的，还应当行动。——歌德

再新建一个网页文件“gsjs.html”，如图 1.10 所示。

选中主页上的图片，通过“属性”面板的热点工具，在导航栏上的文字上面设置热点链接，并把这些链接指向相应的页面（如首页链接到 index.html，公司介绍链接到 gsjs.html），然后设置“替代”为“首页”（或公司介绍）。这样，当光标移动到首页上面的时候就会显示“首页”的文字了，如图 1.11 所示。

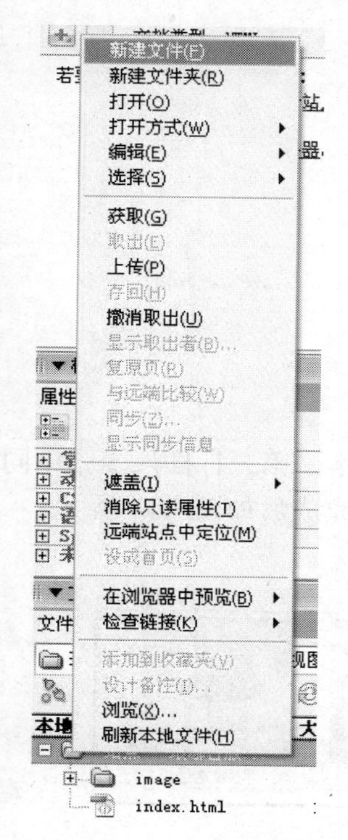

图 1.10　新建网页文件

图 1.11　设置“属性”面板

旅游咨询

选择“插入/布局”中的绘制 Ap Div，在旅游咨询下方的灰色框中拖出一个大小相同的蓝色层，到素材库中选择一张图片插入层中，修改一下图片的大小，宽为“240”、长为“175”。所插入的图片旁用同样的方式新建一个层，在层内插入一个 8 行 1 列的表格，在表格中输入 8 个需要超链接的标题，如图 1.12 所示。为了让网站美观，可以将字体大小修改为 12 号字体。

图 1.12　输入超链接标题

光有知识是不够的，还应当运用；光有愿望是不够的，还应当行动。——歌德

经典推荐

直接在栏目中拖出一个层，在层中插入一个 8 行 1 列的表格，在表格中输入要进行超链接的标题，完成后如图 1.13 所示，同样要修改字体大小为 12 号。

图 1.13　输入超链接标题

特色景点推荐

在特色景点推荐栏目中拖出一个层，在层中插入 2 行 5 列的表格，第一行插入 5 张不同的风景图片，图片大小为 151 × 124，第二行输入各图片景点名称，完成后如图 1.14 所示。

图 1.14　插入图片并输入名称

Flash 插入方式

在图片右上角拖出一个层，选择菜单栏中的“插入记录/媒体/Flash”命令，选中插入的 Flash 动画，修改属性中的“透明参数值”参数：wmode，值：transparent，如图 1.15 所示。

图 1.15　插入 Flash

光有知识是不够的，还应当运用；光有愿望是不够的，还应当行动。——歌德

完成后按 F12 键预览效果，在打开页面时网页上方会弹出一条消息，如图 1.16 所示。“为帮助保护您的安全，Internet Explorer 已经限制此文件显示可能访问您的计算机的活动内容。单击此处查看选项...”，右键单击“允许阻止的内容”确定。预览效果如图 1.17 所示。

图 1.16　提示消息

图 1.17　预览效果

二、制作二级公司介绍页面

通常首页和二级页面内容风格是统一的，但又各自拥有不同的功能。下面就按照如下步骤制作二级页面。

（1）双击打开 gsjs.html，选择菜单栏中的“插入记录/图像”命令，插入事先用 Photoshop 制作好的次页面图像。

（2）选中图片，在“属性”面板中，选择热点工具，为左侧的按钮添加热区“下一页”，超链接到 gsjs1.html。（新建一个 gsjs1.html 页面，同样插入次页面图片），“返回”超链接到 index.html，如图 1.18 所示。

（3）接下来在右侧的公司介绍栏目中拖出一个层，添加介绍内容，如图 1.19 所示。

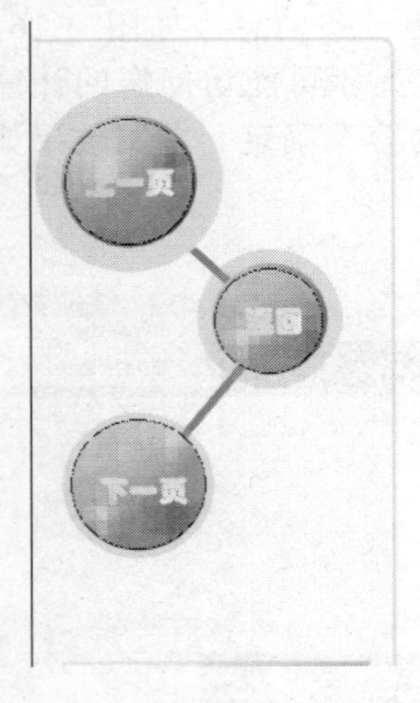

图 1.18

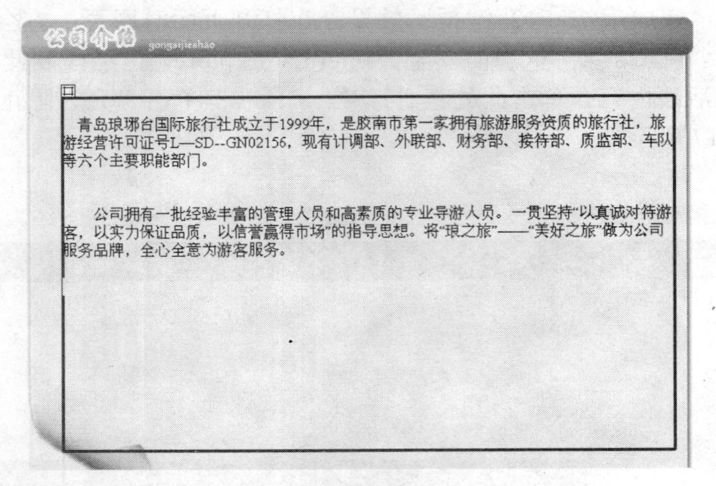

图 1.19　添加内容

（4）用同样的方式打开 gsjs1.html，在相应位置输入内容，预览网站时可以实现看三级链接页面的效果，完成后如图 1.20 所示。

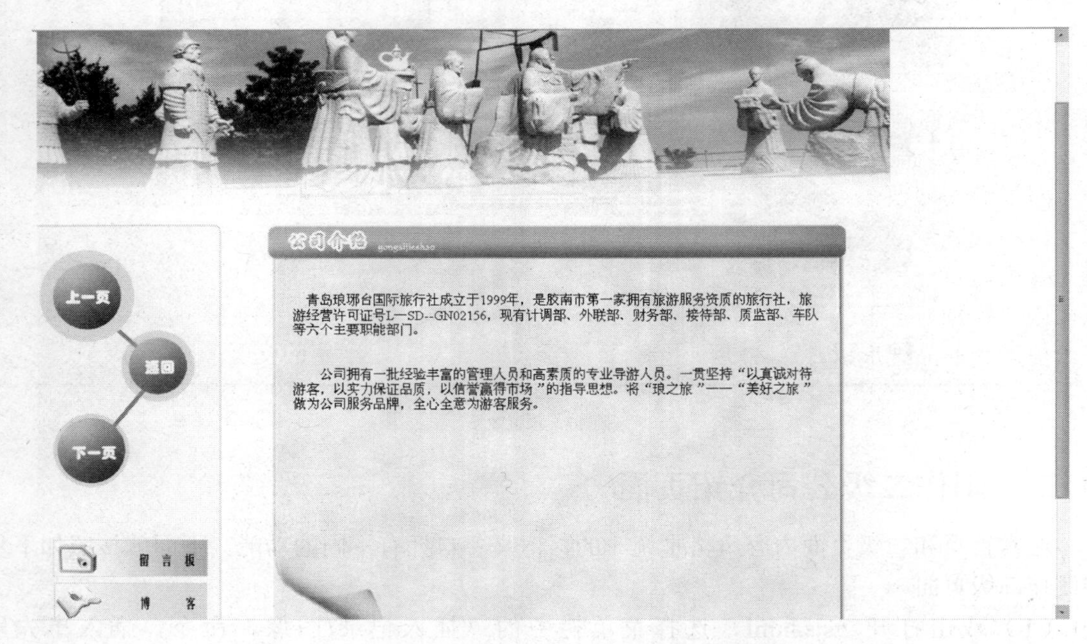

图 1.20　预览效果

过程评价

评估细则	学生自评	学习心得
旅游网站的制作		

光有知识是不够的，还应当运用；光有愿望是不够的，还应当行动。——歌德

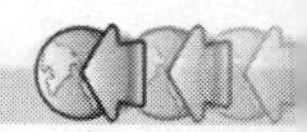

实例二 网上商城类网站——茶园网站前台制作

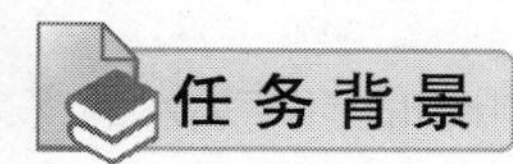

任务背景

随着信息技术的不断发展，具有数据库支持的动态网页是现代网站的必然趋势。本章将通过“茶园”网站的制作实例，介绍大家感兴趣的话题——商品网站的建立，简单介绍商品网站的前台网页制作过程。

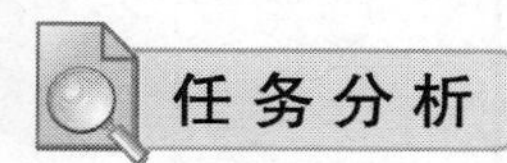

任务分析

1．网上商城概述

2．会员登录栏制作

3．表格表单的应用

网上商城类网站概括

商品网站是一个功能复杂、制作繁琐的商业网站，也是企业或个人推广和展示商品的一种非常好的方式。在全球网络化的今天，电子商务网站正以快速、健康的势头发展，所以，商品网站也是网络商场的一种发展趋势。商品网站也可称为电子商铺，它为客户提供了基础购物平台及后台管理、维护，可实现商品管理、配送、结算等功能，实现全过程的电子商务。

网上商城网站作为电子商务系统的一部分，是一个集电子商务服务和市场推广为一体的网络应用系统，同时服务于顾客、商家和发展商三方面。利用 Internet 电子商务的优势和特点，有机地将三方紧密联系在一起。在信息跟踪与发布、电子化服务和管理等方面，网站将以权威、新颖、丰富、有趣、及时的电子商务处理手段，全方位提升商家和发展商的服务水平，提升企业品牌形象，从而通过 Internet 网络渠道建立一个全新的交互服务和管理平台。

最终效果

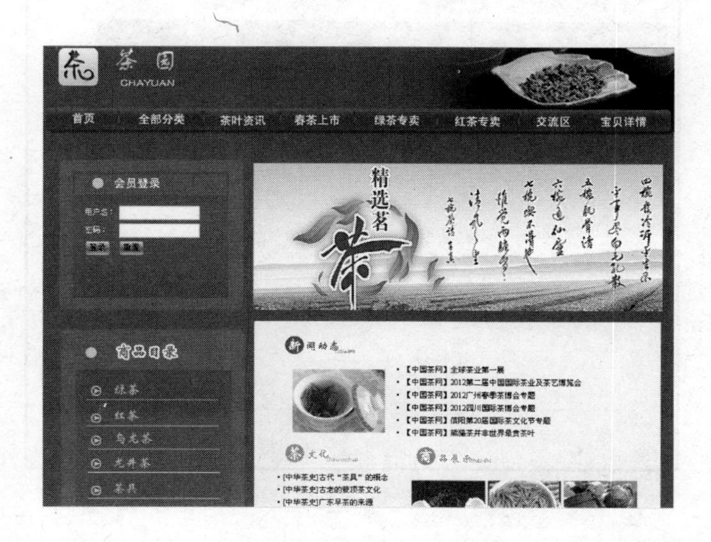

任务实施

一、建立“茶园”站点

启动 Dreamweaver CS3，执行“站点—新建站点”菜单命令，系统会弹出如图 1.1 所示的窗口，这是一个定义站点的向导，单击打开“基本”选项卡，给网站定义一个名称“茶园”。

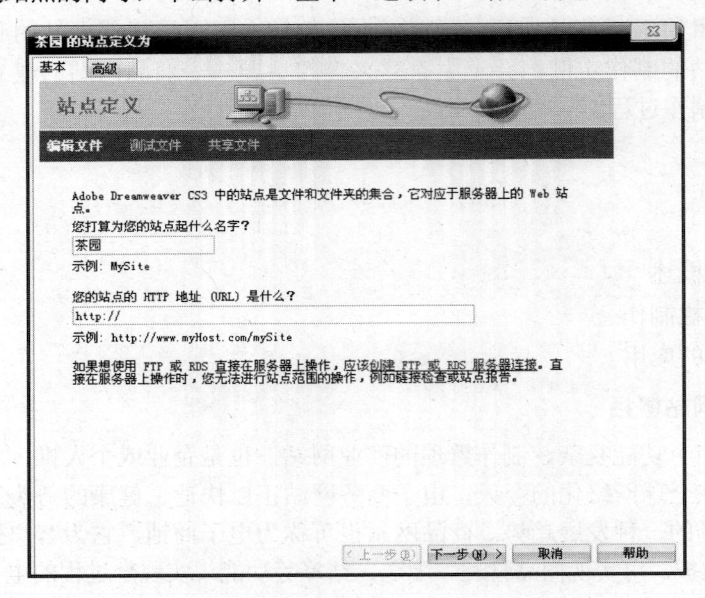

图 1.1

单击“下一步”按钮，在如图 1.2 所示的窗口中设置网站是否使用服务器技术。由于我们要制作的是静态网站，所以选择“否，我们不想使用服务器技术”单选按钮。

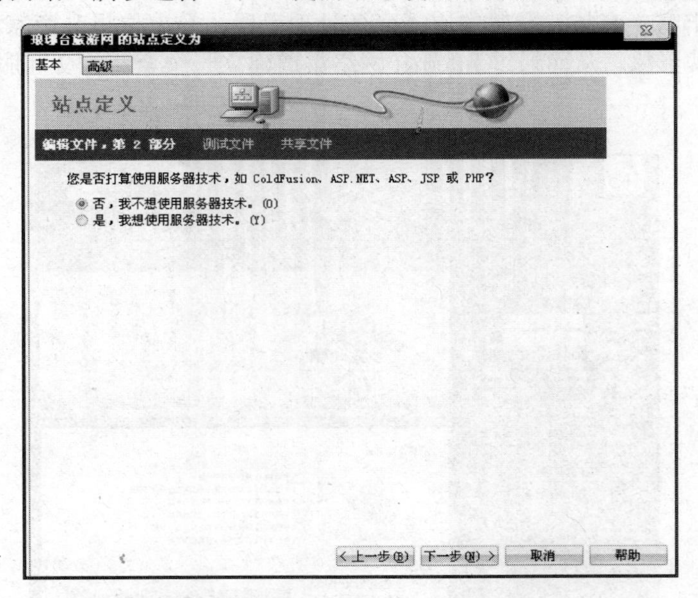

图 1.2

光有知识是不够的，还应当运用；光有愿望是不够的，还应当行动。——歌德

单击“下一步”按钮，设置网页的储存方法和储存路径，如图 1.3 所示。在“基本”选项卡中，选择“编辑我的计算机上的本地副本，完成后再上传到服务器”，如果申请的网站空间支持在线编辑功能，则可以选择“使用本地网络直接在服务器上编辑”单选项。

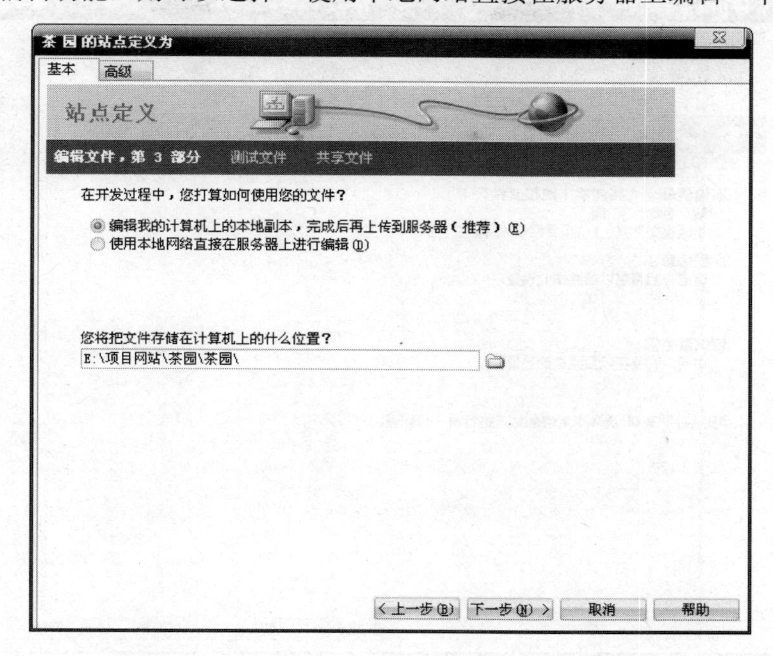

图 1.3

然后选择文件的保存位置。

完成以上设置后单击“下一步”按钮，进入如图 1.4 所示的窗口。在这里选择链接服务器的方式，以及网页在服务器上的位置。

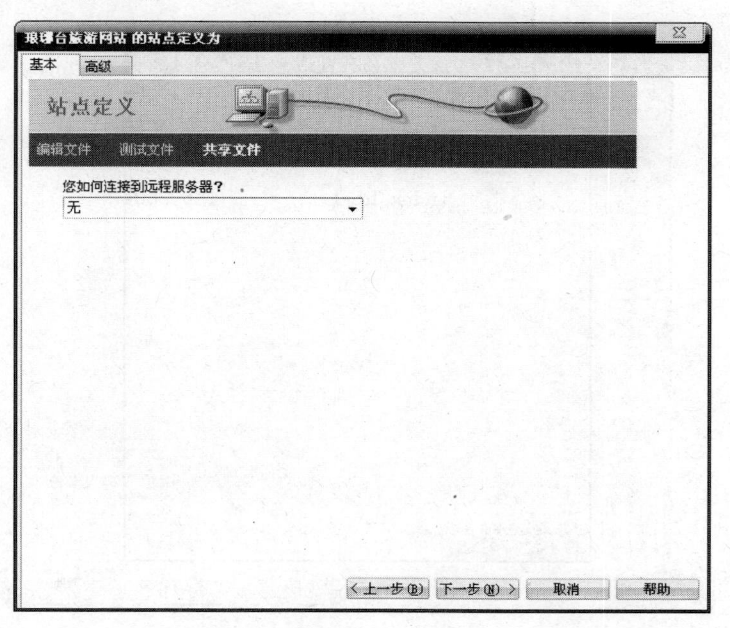

图 1.4

光有知识是不够的，还应当运用；光有愿望是不够的，还应当行动。——歌德

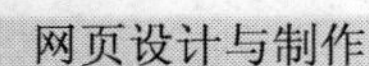

在“您如何链接到远程服务器”下拉列表中选择“无”，单击“下一步”。
在如图 1.5 所示对话框中，单击“完成”按钮，这样一个本地站点就创建成功了。

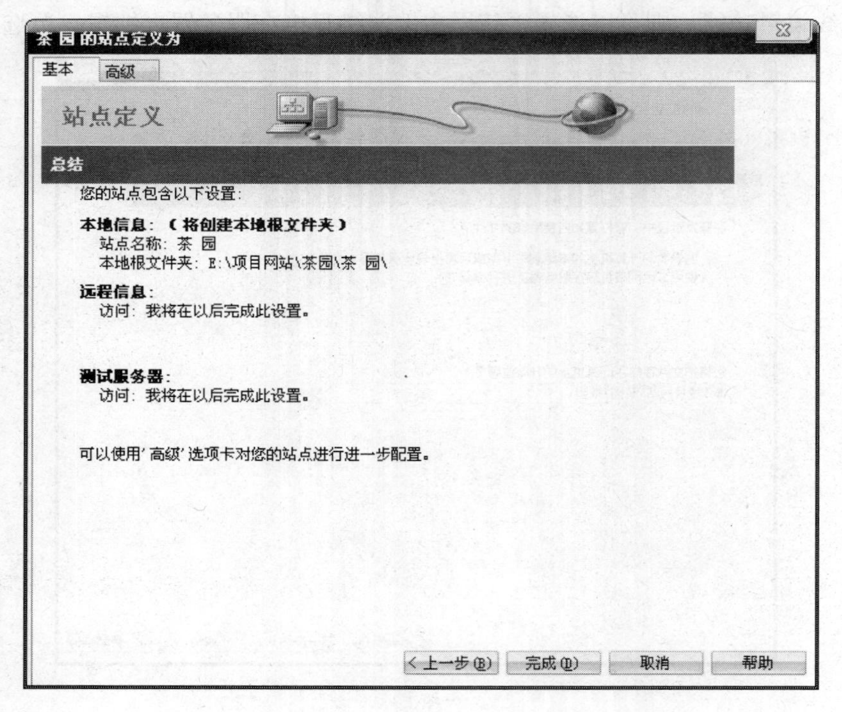

图 1.5

选择菜单栏中的“窗口/文件”命令，就可以在文件面板中看到定义好的站点了。如图 1.6 所示。我们在“茶园”站点中新建一个网页文件 index.html 和两个文件夹 image、other。

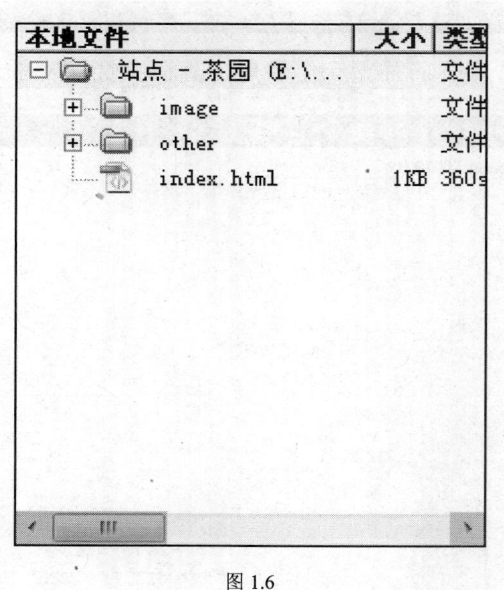

图 1.6

二、“茶园”首页制作

双击打开 index.html，选择菜单栏中的“插入记录/图像”命令，插入我们已经制作好的主页图像，如图 1.7 所示。同时将首页图片存放到“image”文件夹中，插入后将图片居中对齐。

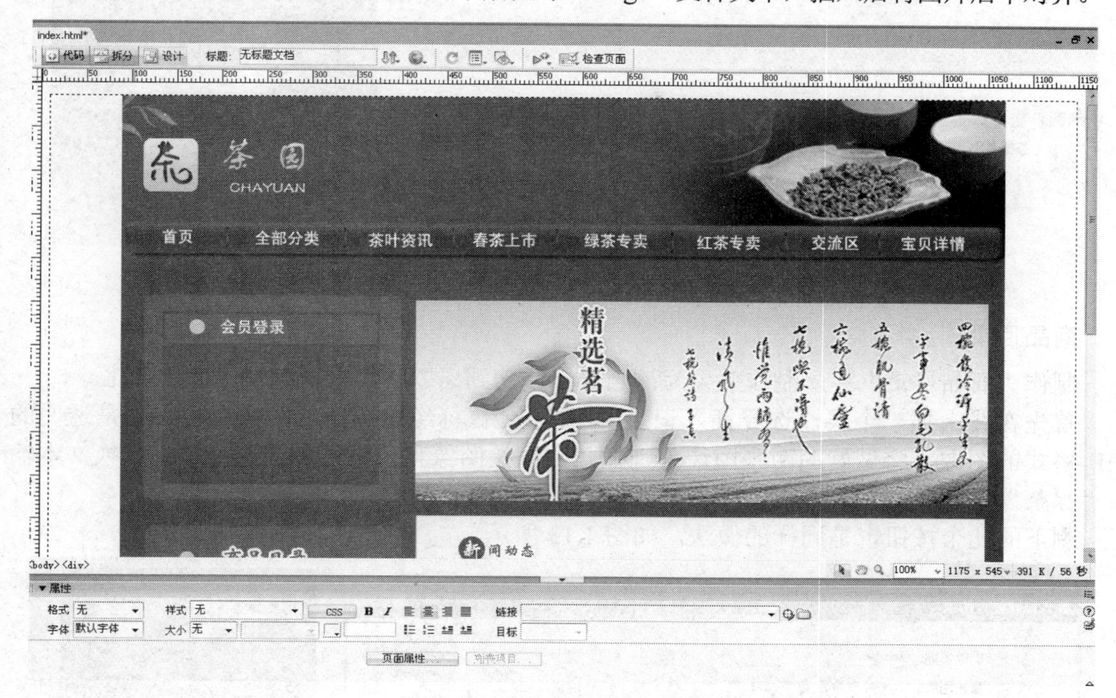

图 1.7

会员登录

选择“插入/布局”中的绘制 Ap Div，在会员登录栏中拖出一个层，接下来再选择菜单栏中的“插入/常用/表单”命令，插入一个表单。然后再选择“插入/常用/表格”，插入一个 3 行 2 列的表格，如图 1.8 所示。

在建好的表格中第一行第一列输入“用户名:”，第二行第一列输入“密码:”。

接下来在第一行第二列、第二行第二列中插入表单/文本字段。为了使字体更清晰，我们可以把字体修改大小为 12 号，字体白色。

然后在第三行的两个单元格中分别插入表单/按钮，设置第一个按钮的属性值为“登录”，如图 1.9 所示。

图 1.8

属性
按钮名称 button
值(V) 登录

图 1.9

修改第二个按钮的属性动作为重置如图 1.10 所示。

为了美观，我们可以修改一下文本字段的大小。选中文本字段，在它的属性栏中修改其字符宽度为 15，完成后如图 1.11 所示。

图 1.10

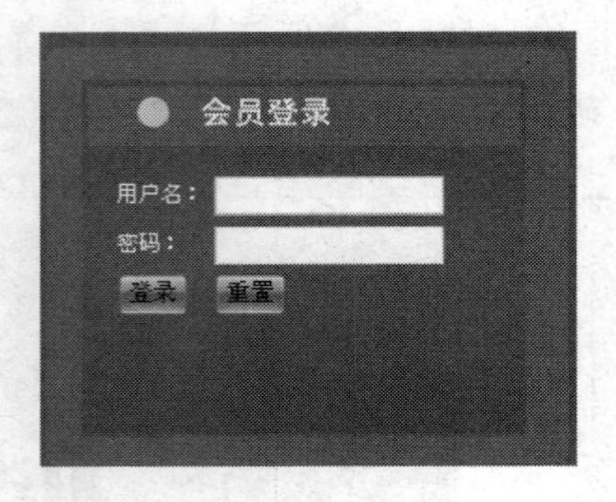

图 1.11

商品目录

制作“商品目录”栏，制作效果为：当鼠标移动到标题时，标题会发生颜色变化。

首先在线上插一个层，选择插入记录/图像对象/鼠标经过图像，图像素材必须是透明的 GIF 格式的图像，将做好的两张图像分别插入到原始图像和鼠标经过图像当中，替换文本输入“绿茶”，如图 1.12 所示，单击“确定”按钮。

剩下的几个按钮也是同样的做法，如图 1.13 所示。

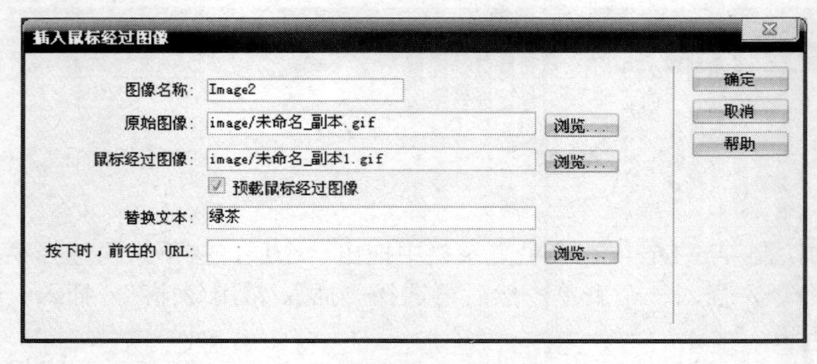

图 1.12

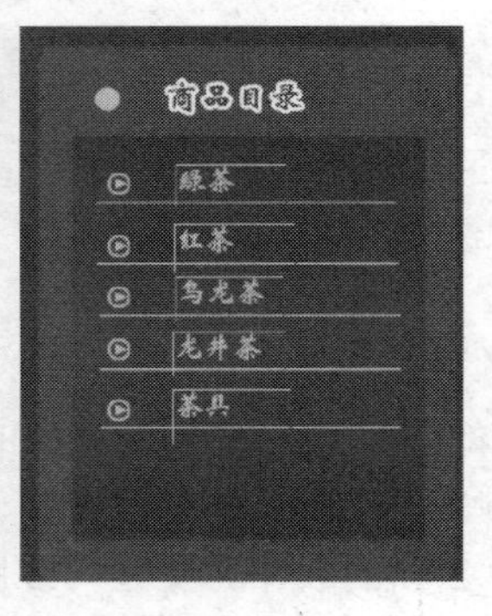

图 1.13

新闻动态

在新闻动态栏中拖出一个层，插入一个 6 行 2 列的表格，将第一列合并单元格，然后插入一张茶叶的图片，将图片居中对齐。将第二列插入 6 个链接标题，改变其大小为 12 号字体，如图 1.14 所示。

图 1.14

光有知识是不够的，还应当运用；光有愿望是不够的，还应当行动。——歌德

茶文化

“茶文化”栏目只是将标题插入即可，与“新闻动态”栏目大体一致，只需建立一个 6 行 1 列的表格。“商品展示”栏目需要新建 1 行 3 列的表格，在每个单元格中插入事先准备好的图片即可，完成后如图 1.15 所示。

图 1.15

过程评价

任务评估细则		学生自评	学习心得
1	建立“茶园”站点		
2	“茶园”首页制作		